중식조리기능사 실기

박지형 편저

일진사

머리말

    중국은 우리나라와는 일본과 더불어 가장 가까이 위치해 있으며, 예로부터 우리나라의 역사와 문화에 많은 영향을 미쳐 왔습니다. 광대한 영토와 많은 인구만큼이나 동양의 많은 나라에 과거부터 현재까지 미쳐 온 영향은 각 나라들의 식문화만 살펴봐도 알 수 있습니다.

    세계 여러 나라의 요리 중에서도 가장 대표적인 요리가 바로 중국 요리로, 이는 전 세계 어디를 가더라도 이미 중국 음식점이 보편화되어 있는 것을 보더라도 알 수 있습니다. 중국 요리를 만들 때는 비교적 단순한 기구를 사용하지만, 광활한 국토만큼이나 다양한 식재료와 그에 걸맞은 다양한 조리법으로 천해일미의 요리가 완성됩니다. 날아다니는 것은 비행기 빼고, 네 발 달린 것은 책상 빼고 모두 요리할 수 있다고 전해지는 중국 속담은 이러한 중국 음식 문화의 특징을 대표적으로 나타내는 것이기도 합니다.

    우리의 유년 시절에 자장면과 탕수육을 중국 요리의 전부인 것처럼, 또 세상에서 가장 맛있는 외식 메뉴로 생각했듯이 그만큼 우리는 일찍부터 중국 요리의 매력을 알았습니다. 거대한 불 속에서 한 손으로 들기에도 힘든 팬을 자유자재로 움직이며 재빠르게 요리해 내는 모습은 만들어진 요리의 맛만큼이나 맛있는 볼거리이기도 합니다.

    이 책에서는 개정된 시험 출제 기준에 맞게 조리 기능사 자격증 취득을 위한 자세한 요령을 요리 진행 순서에 맞게 설명해 놓았습니다. 순서에 맞게 정리된 과정 사진을 곁들여, 혼자서 중식 조리사 시험을 준비하는 분들에게도 이해하기 쉽게 구성했습니다.

    숙련된 기능은 하루아침에 이루어지는 것이 아니므로 이 책을 참고하여 여러 조리 방법들이 익숙해질 때까지 반복해서 연습한다면 반드시 좋은 결과가 있을 거라고 생각합니다.

    책을 쓰기 위하여 첫 준비를 할 때의 자신감과 기대에 가득 찬 마음과는 달리 마지막 원고를 정리하고 나니 아쉬움이 남습니다. 앞으로도 차츰 보완해 나갈 것을 약속하며, 이 책으로 공부하는 모든 분들께 합격의 영광이 함께하길 바랍니다.

    부족한 사람에게 늘 기회를 주시고 출판에 애써 주신 도서출판 일진사 임직원 여러분께 진심으로 감사드립니다. 또한 본문 사진 촬영에 열과 성을 다해 애써 준 남편 임정환과, 보이지 않는 곳에서도 항상 지지해 주고 격려해 주는 지인들에게 마음을 다해 감사와 사랑을 전합니다.

저자 씀

출제 기준(실기)

직무 분야	음식 서비스	중직무 분야	조리	자격 종목	중식 조리 기능사	적용 기간	2023.1.1~2025.12.31

직무 내용 : 중식 메뉴 계획에 따라 식재료를 선정, 구매, 검수, 보관 및 저장하며 맛과 영양을 고려하여 안전하고 위생적으로 음식을 조리하고 조리기구와 시설관리를 수행하는 직무

수행 준거 : 1. 중식 조리작업 수행에 필요한 위생 관련지식을 이해하고 주방의 청결상태와 개인위생 · 식품위생을 관리하여 전반적인 조리작업을 위생적으로 수행할 수 있다.
2. 중식 기초 조리작업 수행에 필요한 조리 기능 익히기를 활용할 수 있다.
3. 적합한 식재료를 절이거나 무쳐서 요리에 곁들이는 음식을 조리할 수 있다.
4. 육류나 가금류 · 채소류를 이용하여 끓이거나 양념류와 향신료를 배합하여 조리할 수 있다.
5. 육류 · 갑각류 · 어패류 · 채소류 · 두부류 재료 특성을 이해하고 손질하여 기름에 튀겨 조리할 수 있다.
6. 육류 · 생선류 · 채소류 · 두부에 각종 양념과 소스를 이용하여 조림을 할 수 있다.
7. 쌀로 지은 밥을 이용하여 각종 밥 요리를 할 수 있다.
8. 밀가루의 특성을 이해하고 반죽하여 면을 뽑아 각종 면 요리를 할 수 있다.

실기 검정 방법	작업형	시험 시간	70분 정도

실기 과목명	주요 항목	세부 항목
중식 조리 실무	1. 음식 위생관리	1. 개인 위생관리하기
		2. 식품 위생관리하기
		3. 주방 위생관리하기
	2. 음식 안전관리	1. 개인 안전관리하기
		2. 장비 · 도구 안전작업하기
		3. 작업환경 안전관리하기
	3. 중식 기초 조리 실무	1. 기본 칼 기술 습득하기
		2. 기본 기능 습득하기
		3. 기본 조리법 습득하기
	4. 중식 절임 · 무침 조리	1. 절임 · 무침 준비하기
		2. 절임류 만들기
		3. 무침류 만들기
		4. 절임 보관 · 무침 완성하기

실기 과목명	주요 항목	세부 항목
중식 조리 실무	5. 중식 육수 · 소스 조리	1. 육수 · 소스 준비하기
		2. 육수 · 소스 만들기
		3. 육수 · 소스 완성 보관하기
	6. 중식 튀김 조리	1. 튀김 준비하기
		2. 튀김 조리하기
		3. 뒤김 완싱하기
	7. 중식 조림 조리	1. 조림 준비하기
		2. 조림 조리하기
		3. 조림 완성하기
	8. 중식 밥 조리	1. 밥 준비하기
		2. 밥 짓기
		3. 요리별 조리하여 완성하기
	9. 중식 면 조리	1. 면 준비하기
		2. 반죽하여 면 뽑기
		3. 면 삶아 담기
		4. 요리별 조리하여 완성하기
	10. 중식 냉채 조리	1. 냉채 준비하기
		2. 기초 장식 만들기
		3. 냉채 조리하기
		4. 냉채 완성하기
	11. 중식 볶음 조리	1. 볶음 준비하기
		2. 볶음 조리하기
		3. 볶음 완성하기
	12. 중식 후식 조리	1. 후식 준비하기
		2. 더운 후식류 만들기
		3. 찬 후식류 만들기
		4. 후식류 완성하기

중식 조리 기능사 실기 공개 과제

전채 요리

오징어냉채(20분)

해파리냉채(20분)

양장피잡채(35분)

튀김 요리

라조기(30분)

깐풍기(30분)

난자완스(25분)

새우케첩볶음(25분)

홍쇼두부(30분)

탕수육(30분)

탕수생선살(30분)

볶음 요리

경장육사(30분)

채소볶음(25분)

마파두부(25분)

고추잡채(25분)

부추잡채(20분)

면류

유니짜장면(30분)

면류

울면(30분)

밥류

새우볶음밥(30분)

후식류

빠스고구마(25분)

빠스옥수수(25분)

1. 개요

한식, 중식, 일식, 양식, 복어 조리 부문에 배속되어 제공될 음식에 대한 계획을 세우고 조리할 재료를 선정, 구입, 검수하고 선정된 재료를 적정한 조리 기구를 사용하여 조리 업무를 수행하며 음식을 제공하는 장소에서 조리 시설 및 기구를 위생적으로 관리, 유지하고, 필요한 각종 재료를 구입, 위생학적, 영양학적으로 저장 관리하면서 제공될 음식을 조리 · 제공하기 위한 전문 인력을 양성하기 위하여 자격 제도 제정

2. 수행 직무

중식 조리 부문에 배속되어 제공될 음식에 대한 계획을 세우고 조리할 재료를 선정, 구입, 검수하고 선정된 재료를 적정한 조리 기구를 사용하여 조리 업무를 수행함 또한 음식을 제공하는 장소에서 조리 시설 및 기구를 위생적으로 관리, 유지하고, 필요한 각종 재료를 구입, 위생학적, 영양학적으로 저장 관리하면서 제공될 음식을 조리하여 제공하는 직종

3. 실시 기관명 및 홈페이지 한국산업인력공단, http://www.q-net.or.kr

4. 진로 및 전망

1 식품 접객업 및 집단 급식소 등에서 조리사로 근무하거나 운영이 가능하다.

2 업체 간, 지역 간의 이동이 많은 편이고 고용과 임금에 있어서 안정적이지는 못한 편이지만, 조리에 대한 전문가로 인정받게 되면 높은 수익과 직업적 안정성을 보장받게 된다.

3 식품위생법상 대통령령이 정하는 식품 접객 영업자(복어 조리, 판매 영업 등)와 집단 급식소의 운영자는 조리사 자격을 취득하고, 시장 · 군수 · 구청장의 면허를 받은 조리사를 두어야 한다.

5. 취득 방법

1 시행처   한국산업인력공단
2 시험 과목   필기 : 중식 재료관리, 음식조리 및 위생관리
               실기 : 중식 조리 실무
3 검정 방법   필기 : 객관식 4지 택일형, 60문항(60분)
               실기 : 작업형(70분 정도)
4 합격 기준   100점 만점에 60점 이상

6. 출제 경향

1 요구 작업 내용
   지급된 재료를 갖고 요구하는 작품을 시험 시간 내에 1인분을 만들어 내는 작업

② 주요 평가 내용
- 위생 상태(개인 및 조리 과정)
- 조리의 기술(기구 취급, 동작, 순서, 재료 다듬기 방법)
- 작품의 평가 · 정리 정돈 및 청소

② 중식 조리 기능사 '상시' 실기 시험 안내

1. 시험 대상
필기 시험 합격자 및 필기 시험 면제자

2. 시험 일자 및 장소
원서 접수 시 수험자 본인이 선택할 수 있다. 상시 시험 원서 접수는 정기 시험과 같이 공고한 기간에만 가능하며, 선착순 방식으로 회별 접수 기간 종료 전에 마감될 수도 있으므로 먼저 접수하는 수험자가 시험 일자 및 시험장 선택의 폭이 넓다.

3. 원서 접수 및 시행
공휴일(토요일 포함)을 제외하고 정해진 회별 접수 기간 내에 인터넷을 이용하여 접수하며, 연간 시행 계획을 기준으로 자체 실정에 맞게 시행한다. 단, 인터넷 활용이 어려운 고객을 위하여 공단 소속 기관에서 방문 고객에 대하여 인터넷 원서 접수를 안내 · 지원하고 있다.

4. 원서 접수 시간
회별 원서 접수 첫날 10:00부터 마지막 날 18:00까지(토, 일요일은 접수 불가)

5. 기타 유의 사항
① 시험 당일에는 수험표와 규정 신분증을 반드시 지참하며, 작업형 수험자는 지참 준비물을 추가 지참한다. 신분증을 지참하지 않은 사람이 수험표의 사진 또한 본인이 아닌 경우에는 퇴실 조치한다.
② 시험 응시는 수험표에 정해진 일시 및 장소에서만 가능하며, 반드시 정해진 시간까지 입실을 완료해야 한다. 단, 공단에서 정한 사유에 한하여 작업형 실기 시험 일자를 변경해 주고 있으며, 변경 요청은 공단 해당 종목 시행 지역 본부 및 지사를 방문하여 요청 가능하다.

6. 시험 진행 방법 및 유의 사항
① 정해진 실기 시험 일자와 장소, 시간을 정확히 확인한 후 시험 30분 전에 수험자 대기실에 도착하여 시험 준비 요원의 지시를 받는다.

2 위생복, 위생모 또는 머릿수건을 단정히 착용한 후 준비 요원의 호명에 따라(또는 선착순으로) 수험표와 신분증을 확인하고 등번호를 교부받아 실기 시험장으로 향한다.

3 자신의 등번호가 있는 조리대로 가서 실기 시험 문제를 확인한 후 준비해 간 도구 중 필요한 도구를 꺼내 정리한다.

4 실기 시험장에서는 감독의 허락 없이 시작하지 않도록 하고 주의 사항을 경청하여 실기 시험에 실수하지 않도록 한다.

5 지급된 재료를 지급 재료 목록표와 비교·확인하여 부족하거나 상태가 좋지 않은 재료는 즉시 지급받는다(지급 재료는 1회에 한하여 지급되며 재지급되지 않는다).

6 두 가지 과제의 요구 사항을 꼼꼼히 읽은 후 시험에서 요구하는 대로 작품을 만들어 정해진 시간 안에 등번호와 함께 정해진 위치에 제출한다.

7 작품을 제출할 때는 반드시 시험장에서 제시된 그릇에 담아낸다.

8 정해진 시간 안에 작품을 제출하지 못한 경우에는 실격으로 채점 대상에서 제외된다.

9 시험에 지급된 재료 이외의 재료를 사용한 경우에는 실격으로 채점 대상에서 제외된다.

10 불을 사용하여 만든 조리 작품이 불에 익지 않은 경우에는 실격으로 채점 대상에서 제외된다.

11 작품을 제출한 후 테이블, 세정대 및 가스레인지 등을 깨끗이 청소하고 사용한 기구들도 제자리에 배치한다.

12 안전 관리를 위하여 칼 지참 시 꼭 칼집을 준비하고, 가스 밸브 개폐 여부를 반드시 확인한다.

수험자 신분증 인정 범위 확대

구분	신분증 인정 범위	대체 가능 신분증
일반인(대학생 포함)	주민등록증, 운전면허증, 공무원증, 여권, 국가기술자격증, 복지카드, 국가유공자증 등	해당 동사무소에서 발급한 기간 만료 전의 '주민등록 발급 신청서'
중·고등학생	주민등록증, 학생증(사진 및 생년월일 기재), 여권, 국가기술자격증, 청소년증, 복지카드, 국가유공자증 등	학교 발행 '신분확인증명서'
초등학생	여권, 건강보험증, 청소년증, 주민등록 등·초본, 국가기술자격증, 복지카드, 국가유공자증 등	학교 발행 '신분확인증명서'
군인	장교·부사관 신분증, 군무원증, 사병(부대장 발행 신분확인증명서)	부대장 발급 '신분확인증명서'
외국인	외국인등록증, 여권, 복지카드, 국가유공자증 등	없음

※ 유효 기간이 지난 신분증은 인정하지 않으며, 중·고등학교 재학 중인 학생은 학생증에 반드시 사진·이름·주민등록번호(최소 생년월일 기재) 등이 기재되어 있어야 신분증으로 인정
※ 신분증 인정 범위에는 명시되지 않으나, 법령에 의거 사진, 성명, 주민등록번호가 포함된 정부기관(중앙부처, 지차체 등)에서 발행한 등록증은 신분증으로 인정
※ 인정하지 않는 신분증 사례 : 학생증(대학원, 대학), 사원증, 각종 사진이 부착된 신용카드, 유효 기간이 만료된 여권 및 복지카드, 기타 민간 자격 자격증 등

7. 중식 조리 기능사 실기 지참 준비물

번호	재료명	규격	단위	수량	비고
1	가위		EA	1	
2	계량스푼		EA	1	
3	계량컵		EA	1	
4	국대접	기타 유사품 포함	FA	1	
5	국자		EA	1	
6	냄비		EA	1	시험장에도 준비되어 있음
7	도마	흰색 또는 나무도마	EA	1	시험장에도 준비되어 있음
8	뒤집개		EA	1	
9	랩		EA	1	
10	숟가락	차스푼 등 유사품 포함	EA	1	
11	면포/행주	흰색	장	1	
12	밥공기		EA	1	
13	볼(bowl)		EA	1	
14	비닐백	위생백, 비닐봉지 등 유사품 포함	장	1	
15	상비의약품	손가락골무, 밴드 등	EA	1	
16	쇠조리(혹은 체)		EA	1	
17	마스크		EA	1	위생복장(위생복, 위생모, 앞치마, 마스크)을 착용하지 않을 경우 채점대상에서 제외(실격)됨
18	앞치마	흰색(남녀 공용)	EA	1	
19	위생모	흰색	EA	1	
20	위생복	상의 : 흰색/긴소매 하의 : 긴바지(색상 무관)	벌	1	
21	위생타월	키친타월, 휴지 등 유사품 포함	장	1	
22	이쑤시개	산적꼬치 등 유사품 포함	EA	1	

번호	재료명	규격	단위	수량	비고
23	접시	양념접시 등 유사품 포함	EA	1	
24	젓가락		EA	1	
25	종이컵		EA	1	
26	종지		EA	1	
27	주걱		EA	1	
28	집게		EA	1	
29	칼	조리용칼, 칼집 포함	EA	1	
30	호일		EA	1	
31	프라이팬		EA	1	시험장에도 준비되어 있음

※ 지참 준비물의 수량은 최소 필요 수량으로 수험자가 필요시 추가 지참 가능하다.
   지참 준비물은 일반적인 조리용을 의미하며 기관명, 이름 등 표시가 없는 것이어야 한다.
   지참 준비물 중 수험자 개인에 따라 과제를 조리하는 데 불필요한 조리기구는 지참하지 않아도 된다.
   지참 준비물 목록에는 없으나 조리에 직접 사용되지 않는 조리 주방용품(예 수저통 등)은 지참 가능하다.
   수험자 지참 준비물 이외의 조리기구를 사용한 경우 채점대상에서 제외(실격)된다.

1 계량스푼, 계량컵

   스테인리스나 플라스틱으로 된 것 모두 사용 가능하다.

2 냄비

   손잡이가 하나 달린 알루미늄 냄비가 가장 사용하기 편리하다.

3 랩, 호일

   호일은 냄비 뚜껑 대신 활용할 수 있다.

4 앞치마

   반드시 흰색을 착용하며 무릎 아래까지 덮이는 길이로 깨끗하게 다려서 준비한다.

5 위생모

   종이나 천으로 된 것 모두 사용 가능하나 반드시 조리용 모자를 착용하여야 하며 흰색을 사용한다.

6 위생복

   상의는 반드시 흰색, 긴소매를 착용하며 소매는 접어서 걷고 단추는 모두 채운다.

7 위생타월

타월로 된 것이 좋으며 반드시 흰색의 깨끗한 것을 여러 장 가져간다.

> • 지참 준비물 목록에는 없으나 가져가면 편리한 재료들
> ① 그릇 : 접시, 대접, 공기 등 필요한 만큼 골고루 가져가는 것이 좋다.
> ② 검은 비닐봉지 : 쓰레기를 처리할 때 사용하며 세정대에 놓고 사용한다.

8. 지참 준비물에 대한 기준 변경 ← 제한 폐지

준비물	변경 전	변경 후
칼 등 조리기구	길이를 측정할 수 있는 눈금표시(cm)가 없을 것(단, mL 용량표시 허용)	• 제한 폐지 • 모든 조리기구에 눈금표시 사용 허용
면포/행주	색상 미지정	흰색

9. 위생상태 및 안전관리 세부 기준

순번	구분	세부 기준
1	위생복 상의	• 전체 흰색, 손목까지 오는 긴소매 　– 조리과정에서 발생 가능한 안전사고(화상 등) 예방 및 식품위생(체모 유입방지, 오염도 확인 등) 관리를 위한 기준 적용 　– 조리과정에서 편의를 위해 소매를 접어 작업하는 것은 허용 　– 부직포, 비닐 등 화재에 취약한 재질이 아닐 것, 팔토시는 긴팔로 불인정 • 상의 여밈은 위생복에 부착된 것이어야 하며 벨크로(일명 찍찍이), 단추 등의 크기, 색상, 모양, 재질은 제한하지 않음(단, 핀 등 별도 부착한 금속성은 제외)
2	위생복 하의	• 색상 · 재질 무관, 안전과 작업에 방해가 되지 않는 발목까지 오는 긴바지 　– 조리기구 낙하, 화상 등 안전사고 예방을 위한 기준 적용
3	위생모	• 전체 흰색, 빈틈이 없고 바느질 마감처리가 되어 있는 일반 조리장에서 통용되는 위생모(모자의 크기, 길이, 모양, 재질(면, 부직포 등)은 무관)
4	앞치마	• 전체 흰색, 무릎아래까지 덮이는 길이 　– 상하일체형(목끈형) 가능, 부직포 · 비닐 등 화재에 취약한 재질이 아닐 것
5	마스크	• 침액을 통한 위생상의 위해 방지용으로 종류는 제한하지 않음 　(단, 감염병 예방법에 따라 마스크 착용 의무화 기간에는 '투명 위생 플라스틱 입가리개'를 마스크 착용으로 인정하지 않음)
6	위생화 (작업화)	• 색상 무관, 굽이 높지 않고 발가락 · 발등 · 발뒤꿈치가 덮여 안전 사고를 예방할 수 있는 깨끗한 운동화 형태

순번	구분	세부 기준
7	장신구	• 일체의 개인용 장신구 착용 금지(단, 위생모 고정을 위한 머리핀 허용)
8	두발	• 단정하고 청결할 것, 머리카락이 길 경우 흘러내리지 않도록 머리망을 착용하거나 묶을 것
9	손/손톱	• 손에 상처가 없어야 하나, 상처가 있을 경우 보이지 않도록 할 것 (시험위원 확인하에 추가 조치 가능) • 손톱은 길지 않고 청결하며 매니큐어, 인조손톱 등을 부착하지 않을 것
10	폐식용유 처리	• 사용한 폐식용유는 시험위원이 지시하는 적재장소에 처리할 것
11	교차오염	• 교차오염 방지를 위한 칼, 도마 등 조리기구 구분 사용은 세척으로 대신하여 예방할 것 • 조리기구에 이물질(예 테이프)을 부착하지 않을 것
12	위생관리	• 재료, 조리기구 등 조리에 사용되는 모든 것은 위생적으로 처리하여야 하며, 조리용으로 적합한 것일 것
13	안전사고 발생 처리	• 칼 사용(손 빔) 등으로 안전사고 발생 시 응급조치를 하여야 하며, 응급조치에도 지혈이 되지 않을 경우 시험진행 불가
14	부정 방지	• 위생복, 조리기구 등 시험장 내 모든 개인물품에는 수험자의 소속 및 성명 등의 표식이 없을 것(위생복의 개인 표식 제거는 테이프로 부착 가능)
15	테이프 사용	• 위생복 상의, 앞치마, 위생모의 소속 및 성명을 가리는 용도로만 허용

10. 위생상태 및 안전관리 채점 기준

구분	위생 및 안전 상태	채점 기준
1	위생복(상/하의), 위생모, 앞치마, 마스크 중 한 가지라도 미착용한 경우	실격 (채점대상 제외)
2	평상복(흰티셔츠, 와이셔츠), 패션모자(흰털모자, 비니, 야구모자) 등 기준을 벗어난 위생복장을 착용한 경우	
3	위생복(상/하의), 위생모, 앞치마, 마스크를 착용하였더라도 • 무늬가 있거나 유색의 위생복 상의·위생모·앞치마를 착용한 경우 • 흰색의 위생복 상의·앞치마를 착용하였더라도 부직포, 비닐 등 화재에 취약한 재질의 복장을 착용한 경우 • 팔꿈치가 덮이지 않는 짧은 팔의 위생복을 착용한 경우 • 위생복 하의의 색상, 재질은 무관하나 짧은 바지, 통이 넓은 힙합스타일 바지, 타이츠, 치마 등 안전과 작업에 방해가 되는 복장을 착용한 경우 • 위생모가 뚫려있어 머리카락이 보이거나, 수건 등으로 감싸 바느질 마감 처리가 되어있지 않고 풀어지기 쉬워 일반 조리장용으로 부적합한 경우	'위생상태 및 안전관리' 점수 전체 0점
4	이물질(예 테이프) 부착 등 식품위생에 위배되는 조리기구를 사용한 경우	

5	위생복(상/하의), 위생모, 앞치마, 마스크를 착용하였더라도 • 위생복 상의가 팔꿈치를 덮기는 하나 손목까지 오는 긴소매가 아닌 위생복 (팔토시 착용은 긴소매로 불인정), 실험복 형태의 긴 가운, 핀 등 금속을 별 도 부착한 위생복을 착용하여 세부 기준을 준수하지 않았을 경우 • 테두리선, 칼라, 위생모 짧은 창 등 일부 유색의 위생복 상의·위생모·앞 치마를 착용한 경우(테이프 부착 불인정) • 위생복 하의가 발목까지 오지 않는 8부바지 • 위생복(상/하의), 위생모, 앞치마, 마스크에 수험자의 소속 및 성명을 테이 프 등으로 가리지 않았을 경우	'위생상태 및 안전관리' 점수 일부 감점	
6	위생화(작업화), 장신구, 두발, 손/손톱, 폐식용유 처리, 안전사고 발생 처리 등 '위생상태 및 안전관리 세부 기준'을 준수하지 않았을 경우	'위생상태 및 안전관리' 점수 일부 감점	
7	'위생상태 및 안전관리 세부 기준' 이외에 위생과 안전을 저해하는 기타사항 이 있을 경우		
※ 수도자의 경우 제복 + 위생복 상/하의, 위생모, 앞치마, 마스크 착용 허용			

▶ 위 기준에 표시되어 있지 않으나 일반적인 개인위생, 식품위생, 주방위생, 안전관리를 준수하지 않았을 경우 감점처리될
  수 있다.

11. 채점 기준표

항목	세부 항목	내용	배점
공통 채점 사항	위생 상태 및 안전 관리	• 위생복 착용, 두발, 손톱 등 위생 상태 • 조리 순서, 재료, 기구의 취급 상태와 숙련 정도 • 조리대, 기구 주위의 청소 및 안전 상태	10
작품 A	조리 기술	조리 기술 숙련도	30
	작품 평가	맛, 색, 모양, 그릇에 담기	15
작품 B	조리 기술	조리 기술의 숙련도	30
	작품 평가	맛, 색, 모양, 그릇에 담기	15

▶ 실기 시험은 대체로 두 가지 작품이 주어지며, 공통 채점 사항과 각 작품의 조리 기술 및 작품 평가의 합계가 100점 만
  점으로 60점 이상이면 합격이다.

차 례

가정에서 쉽게 만들 수 있는
중국 요리

중식 조리 기능사 실기(이론)

중국 요리는 중국에서 만들어 먹는 요리의 총칭으로, 중국은 수천 년의 역사와 광대한 토지를 소유하고 있으며, 인구 또한 13억이 넘는 대국이다.

바다에 접해 있는 남동부의 평야에는 황허 강, 양쯔 강 등의 큰 강이 흘러 농산물과 수산물이 풍부한 반면, 오지에는 사막 지대와 산악 지대가 자리하고 있어 거주하는 사람들도 다양하여 요리도 각각 특색을 지니면서 발달해 왔다. 국민의 94%를 차지하는 한족을 중심으로 고도의 문명을 지녔던 중국인은 식생활 면에서도 높은 수준을 유지하여 음식이 단순히 끼니를 때우는 수단이 아닌 불로장수의 목표가 되었다.

한(漢) 시대에 이미 여러 가지 요리가 만들어지고 있었음을 당시의 고분 벽화나 출토품 등을 통해 알 수 있다. 바다에 인접한 지방에서는 예로부터 어패류를 생식하는 풍습이 있었는데, 이는 중국에 현존하는 가장 오래된 종합 농서인 제민요술(濟民要術)에도 기록되어 있다. 하지만 13세기에 들어 유목 민족이 세력을 확장하여 원(元) 시대가 열리면서 생식 습관은 거의 자취를 감추었다.

채소가 풍부한 평야 지대에서는 먹는 방법이 연구되었고, 사막 지대나 산악 지대 등 폭염과 한랭이 뚜렷한 지방에서는 각각의 조건에 맞는 식생활이 영위되었으며, 조리에 의한 의료도 같이 연구되어 발달하였다.

중국에는 "네 발 달린 것은 책상 빼놓고 다 먹고, 날아가는 것은 비행기 빼놓고 다 먹는다."라는 말이 있다. 이는 중국 요리가 땅 위에 있는 모든 물체를 재료로 사용하여 다양한 요리를 만들어 낸다는 뜻이다. 풍부한 식재료와 향신료를 사용한 다양한 방법의 요리가 개발되었고, 또한 외국의 여러 문물을 받아들여 서양의 독특한 소스 등을 사용하여 요리에 응용하기도 하였다.

중국 요리는 지금도 그 원형을 잃지 않도록 각 지방마다 각각의 지역명을 붙인 특징 있는 요리가 발달하여 세계적으로 애호되는 요리의 하나가 되었다. 세계 어디를 가도 가장 많은 음식점 또한 중국 음식점으로 전 세계 요리의 대명사가 되었다.

특히 우리와 중국은 지리적으로도 가까워서 오랜 세월 동안 서로 많은 영향을 주고받았으며, 우리가 가장 많이 선택하는 외국 요리 중 하나가 바로 중국 요리이다.

② 지역의 특성에 따른 중국 요리

1. 베이징(北京) 요리

베이징(北京), 톈진(天津) 지방을 중심으로 하는 요리로, 청나라 번성기에 궁정 요리로 불리며 고급 요리로 발달하였다. 중국의 오랜 수도인 이곳은 정치, 경제, 문화 및 권력의 중심지이므로 지역의 희귀한 각종 재료들이 집합되었고, 호사스러운 장식이 발달하였다.

베이징은 내륙에 있고 한랭한 지방이기 때문에 일반적으로 짜고 맛이 진한 요리가 많으며, 기름에 튀긴 음식, 볶음과 불에 직접 굽는 카오(烤) 요리가 발달하였다. 또 쌀의 생산량이 적기 때문에 밀가루를 재료로 하는 만두와 면류 등의 분식이 많다.

특히 머리와 목, 가슴 부위 등이 풍만하게 살찐 오리로 만든 '베이징덕'은 베이징을 대표하는 요리로, 부화한 지 50일째 되는 오리의 입을 벌려 강제로 먹이를 밀어 넣고, 좁고 어두운 공간에서 키워 영양 과잉과 운동 부족으로 살이 찐 오리를 사용한다.

2. 난징(南京) 요리

난징은 역대 왕조들의 도읍지로, 베이징이 북부 요리를 대표하는 것처럼 중국 중부의 요리를 대표한다. 난징을 중심으로 하여 양쯔 강 하류 지역의 평원은 중국에서도 대표적인 쌀 생산지이므로, 쌀을 주식으로 하고 쌀을 재료로 한 요리가 많다.

난징은 해안과 가까이 접해 있고 호수도 많기 때문에 풍부한 수산물, 즉 게와 새우 등의 요리에 정평이 나 있다. 간장과 설탕을 많이 써서 달고 농후한 맛이 나며, 요리의 색상이 진하고 선명하며 화려한 것이 특징이다. 지역적으로 상하이와 가깝기 때문에 이 지방을 대표하여 상하이(上海) 요리라고 하는 사람도 있다.

3. 광둥(廣東) 요리

중국 남부의 대표적인 요리이다. 광둥은 폭염이 내리쬐는 지역이기 때문에 맛은 비교적 담백하고, 바다에 접해 있어 어류, 새우, 게 등의 해산물 요리가 많으며, 국물 요리가 많은 것이 특색이다.

광둥 요리는 현재 홍콩에서 계속 이어져 오고 있다. 상하이와 광둥 사이의 연안부에 있는 푸젠(福建) 지방은 풍미가 섬세하고 색채가 풍성한 요리가 유명하다. 특히 광저우(廣州)는 맛있는 음식의 본고장으로 뱀, 개, 너구리 등을 재료로 한 색다른 요리로도 유명하다.

일찍부터 세계와의 교류가 빈번하여 서양 문화를 일찍 접한 관계로 서양 채소, 토마토케첩 등 서양 요리 재료와 조미료를 많이 사용한다. 새끼돼지 통구이가 유명하고, 차를 마시며 가벼운 후식으로 먹는 얌차(飮茶)가 있다.

4. 쓰촨(四川) 요리

윈난(雲南), 쓰촨 등 산간 지방의 요리이다. 소박한 음식으로 마늘, 고추, 생강 등의 향신료를 많이 사용하는 풍습이 있고, 오지이기 때문에 식품의 저장법이 많이 연구되었으며, 그 조리법도 잘 발달되었다. 특히 채소 요리가 특징이며 채소 절임이 발달되어 있다. 주로 자극적인 조미료를 사용하여 강한 향기와 신맛, 톡 쏘는 매운맛이 난다.

두반장이라고 하는 매운맛이 강한 양념이 대표적이며, 이를 사용해서 만든 마파두부는 대표적인 쓰촨 요리 중 하나로 우리에게 매우 잘 알려진 중국 요리이다.

이 밖에도 중국에는 민족, 생활 환경, 습관, 종교상의 이유로 돼지고기는 전혀 먹지 않으며 양고기 요리를 발달시킨 이슬람교도의 요리가 있고, 각 지방에 따라 이색적인 요리가 많이 있다.

③ 중국 요리의 특징

1 광대한 지역과 지리적 요건으로 풍부한 자연 환경이 조성되어 다른 곳에서는 구하기 힘든 재료들이 다양하게 있으며, 진귀한 재료를 사용한 요리와 조리법이 매우 발달하였다.

2 특수한 조미료나 향신료를 적절히 사용하여 요리의 맛이 매우 다양하며 단맛, 짠맛, 쓴맛, 신맛, 매운맛 등 5가지 맛의 조화로 각각 새로운 맛을 창출해 낸다.

3 강한 화력을 사용하여 빠른 시간에 매우 높은 온도에서 만들므로 영양소의 손실이 적고 위생적이며 재료의 풍미가 살아 있다.

4 요리의 종류가 매우 많고 조리법도 다양하나 조리 시 사용하는 기구는 아주 간단하다. 중국 요리는 지짐을 제외하고는 거의 모든 요리에 밑면이 우묵한 프라이팬과 국자를 사용한다. 프라이팬이 우묵해야 잘 뒤집어지고, 많은 양을 만들어도 불길이 윗면까지 고루 닿아 요리를 빠르게 완성할 수 있다.

5 대부분의 중국 요리는 많은 양의 기름으로 조리하기 때문에 요리가 매우 윤택하고 풍미가 좋으며, 높은 열량으로 에너지를 보충할 수 있다.

6 전채 요리에서 후식까지 식사 순서에 따른 코스별 요리가 발달하였다.

7 커다란 접시에 푸짐하게 담아내어 여럿이 나누어 먹을 수 있도록 하여 여유로움과 풍성한 식탁 분위기를 만들어 낸다.

8 복잡하지 않은 조리법과 재료를 버리는 것 없이 거의 모두 사용하는 경제성, 높은 영양가를 갖춘 점 등 매우 합리적이다.

④ 중국 요리의 기본 조리 용어

중국은 문자의 나라이므로 문자의 사용 방법도 엄격하여, 요리 이름은 실제로 사용하는 재료와 자르는 방법, 조리법 등을 표현한 것들이 많다.

1. 차오차이(炒菜)

소량의 기름을 사용하여 볶은 요리로, 중국 냄비와 철로 된 주걱만으로 조리할 수 있고, 일상생활에 자주 먹는 반찬으로 가장 많이 만든다. 단시간에 손쉽게 만들 수 있으며, 채소 등을 날것 그대로 볶는 것이 많기 때문에 색상이 선명하고 영양상 효율이 좋은 것이 특징이다.

강한 불로 단시간에 가열하기 때문에 재료가 지닌 맛을 살리고 영양가의 손실을 막을 수 있으며 음식에 윤기가 난다. 기름은 본래 재료가 동물성인 경우에는 식물성 기름으로, 재료가 식물성인 경우에는 동물성 지질로 볶는다. 일반적으로 대두유(콩기름), 유채유, 낙화생유(땅콩기름) 등을 많이 쓴다.

2. 자차이(炸菜)

기름에 튀긴 요리로, 차오차이와 함께 중국 요리의 대표적인 조리법이다. 재료가 푹 잠길 만큼 많은 양의 기름을 사용해 겉은 바삭하고 속은 부드럽게 익히는 것이 특징이다. 옷을 입히지 않고 튀기는 칭차이(淸菜), 마른 가루를 묻혀서 튀기는 간자(乾炸), 옷을 입혀서 튀기는 루안자(軟炸), 하얗게 튀기는 가오리(高麗) 등이 있다.

3. 정차이(蒸菜)

수증기를 이용해 날것 또는 이미 조리한 재료를 다시 한 번 오랜 시간 쪄서 익히는 조리법으로, 중국 특유의 대나무찜통을 사용한다. 이 찜통은 열의 통과가 빠르고, 모양이 망가지지 않으며, 영양의 손실이 적은 것이 특징이다.

4. 류차이(溜菜)

차오차이, 자차이, 정차이에 전분을 넣고 끓인 국물을 끼얹은 요리로, 물녹말이 맛을 안정시켜 입맛을 좋게 하고, 음식을 식지 않게 하므로 뜨거운 것을 즐기는 중국 요리에는 이런 종류가 많다. 녹말가루를 물에 풀어 술, 간장 따위로 조미하여 끓인다. 류(溜)는 매끈거리는 것을 뜻하는 용어이다.

5. 후이차이(燴菜)

기름을 사용하지 않고 익힌 음식에 물녹말을 끼얹은 것이다.

6. 웨이차이(煨菜)

여러 가지 재료를 넣어 푹 끓인 요리이다. 재료를 한번 볶거나 튀기거나 익혀서 섞어 천천히 끓인 것이 많다.

7. 카오차이(烤菜)

불에 직접 굽는 요리로, 다른 나라의 조리법과 거의 비슷하다. 직접 불 위에서 굽는 바비큐 스타일이 있는가 하면 소금구이가 있고, 연기를 피워 재료의 향미와 색을 내는 훈제 요리가 있다. 요리에 따라 특별한 화로를 이용한다.

8. 탕차이(湯菜)

수프를 말하며, 메뉴 속에서 순위는 일정하지 않으나 대개 밥과 함께 나온다. 그러나 그 향연의 가장 중요한 재료를 탕차이에 사용한 경우에는 전채 후에 제일 먼저 나온다. 이때는 식욕을 유도하는 의미를 지닌다.

9. 훠궈쯔(火鍋子)

훠궈(火鍋)라고도 한다. 냄비와 화로가 하나로 된 중국 특유의 냄비에 수프를 넣고, 산해진미를 넣어 끓이면서 먹는 냄비 요리로, 가을부터 초봄에 걸쳐 즐긴다.

냄비 요리의 재료는 각자 기호에 맞는 것을 선택하여 가감하고, 좋아하는 향신료를 취향에 맞게 선택하여 조미하는 묘미가 있다. 맛은 일반적으로 담백하고, 향신료로는 마늘, 생강, 겨자, 식초 등을 이용한다.

10. 셴차이(咸菜)

김치의 종류로, 소금에 절이는 것은 특히 '옌차이(腌菜)'라고 한다. 채소류를 간장, 소금, 된장, 술지게미, 쌀겨, 겨자 등에 절이는데, 마늘, 고추 등 중국 특유의 향신료를 이용하는 것이 많다. 쓰촨성 방면이 유명한데 이 지방에서는 셴차이를 그대로 식용하는 것 외에 탕차이, 차오차이 등 여러 가지 요리의 재료로 이용한다.

⑤ 중국 요리의 기본 썰기 용어

중국 요리는 재료 자체의 맛을 살리는 데 중점을 두기 때문에 써는 방법이 우리나라나 일본에 비하여 화려하지는 않지만, 방법이나 기교보다도 가장 맛있게 먹을 수 있는 방법으로 썬다.

1. 펜(片)

포를 뜨는 느낌으로 어슷하고 얇게 썬다. 칼을 눕혀 썰며 고기나 생선포를 뜰 때, 채소를 납작하게 썰 때 이용하는 방법이다.

2. 쓰(絲)

채를 써는 것을 말한다. 일단 재료를 편으로 썬 후 가지런히 겹쳐 눕히고 결 방향대로 실처럼 가늘게 썬다. 고기나 채소를 썰 때 두루 쓴다.

3. 탸오(條)

쓰(絲)보다는 굵은 두께로 썰며, 0.7cm 정도의 굵기로 고기나 죽순 등 채소를 썰 때 이용한다.

4. 딩(丁)

우리나라의 깍두기처럼 주사위 모양으로 써는 방법인데, 요리의 종류에 따라 크기가 다양하다.

5. 콰이(塊)

덩어리 형태로 써는 것을 말하며 재료에 따라 써는 모양에 변화를 준다. 일정한 모양 없이 다각형으로 썬다.

6. 모(末)

채 썬 재료를 다시 직각으로 썰어 잘게 다지는 방법으로 딩(丁)의 모양을 유지한다.

⑥ 중국 요리에 사용하는 재료

1. 향신료

① 팔각회향(八角茴香)

중국 요리에 가장 많이 사용하는 향신료 중 하나로, 요리 시 재료의 누린내 등 나쁜 냄새를 없애 주고 독특한 향을 준다. 뿔이 8개 나 있는 형태로 마름의 열매와 비슷하며, 고기, 어류, 내장 등을 끓일 때나 찜 요리에 통째로 넣어 사용하는데 향이 매우 강하므로 소량만 사용한다.

② 통후추(胡椒)

입자나 분말 상태로 이용하며, 통후추는 후춧가루보다 향이 강하다. 팔각과 마찬가지로 재료의 나쁜 냄새를 없애 주고 풍미를 더해 주며, 중국 요리뿐 아니라 우리나라나 서양 요리에도 널리 사용한다.

③ 산초(花椒)

산초나무의 열매로 육류나 생선의 냄새를 제거하고, 절임, 조림, 찜 등의 요리에 향미와 풍미를 내는 데 사용한다.

④ 오향분(五香粉)

회향·계피·산초·정향·진피(귤껍질 말린 것)를 가루로 만들어 섞은 중국 요리 특유의 향신료이며, 5가지 향이 서로 어울려 독특한 향을 내는 오향장육에서 빠질 수 없는 재료이다.

⑤ 정향(丁香)

정향나무의 꽃봉오리를 건조시킨 것이다. 꽃봉오리 건조시킨 것을 그대로 또는 분말로 이용하기도 한다. 고기 요리나 가공식품의 향을 내는 데 이용한다.

⑥ 육계(肉桂)

흔히 '계피'라고 하며, 계수나무의 껍질을 건조시킨 것으로 가루로 만들어 사용하기도 한다. 자극성이 있는 단맛과 매운맛을 지닌 향료로 각종 요리에 사용하며 술을 담기도 한다.

⑦ 겨자(芥末)

황색의 겨자 분말로 그대로 사용하면 매운맛이 나지 않고, 따뜻한 물에 개서 숙성시킨 후 사용하면 짧고 강렬한 매운맛이 우러난다. 냉채 소스에 주로 사용한다.

⑧ 진피(陳皮)

감귤류 특유의 방향과 쓴맛을 지닌 것으로 귤껍질을 건조시킨 것이다.

⑨ 생강(姜)

육류의 냄새를 없애 주거나 독특한 풍미를 주는 향신료이다. 특히 돼지고기를 주재료로 사용하는 중국요리에 없어서는 안 될 재료로, 다지거나 즙을 내서 사용한다.

⑩ 마늘(蒜)

서부 아시아가 원산지이며, 방향 성분과 함께 항균 성분도 지니고 있다. 강한 냄새 때문에 육류, 어패류의 요리 등에 향신료로 사용하며, 조미료, 강장제로도 사용한다.

2. 조미료

1 장(醬)

중국 장의 종류는 20가지 정도가 되는데, 콩을 원료로 사용한다. 수분이 많은 것을 면장(面醬), 수분이 적은 것을 황장(黃醬)이라고 하며 육류, 어패류 등의 냄새를 제거하는 데 많이 사용한다.

2 해선장(海鮮醬)

콩을 원료로 하여 만든다. 고추, 마늘, 향신료를 넣은 싱거운 된장으로 광둥 요리에 많이 쓴다.

3 장유(醬油)

장을 짠 즙으로, 조리할 때 맨 나중에 넣으면 향미를 잃지 않는다. 차오차이에는 냄비의 가장자리부터 넣어야 장유의 향미를 증가시켜 맛이 있다.

4 술(酒)

술의 향기를 요리에 살려 맛을 미묘하게 만드는 것으로, 중국에서는 술이 요리에 중요한 역할을 한다.

5 두반장(豆瓣醬)

발효시킨 메주콩에 고추를 갈아 넣어 섞고, 갖은 양념을 해서 만든다. 고추장처럼 매운맛이 나는 소스로 주로 쓰촨 요리에 많이 사용한다.

6 호유(蠔油)

발효시킨 굴에 갖은 양념과 향신 재료를 섞어 젓갈처럼 만든 장으로, '굴소스'라고도 하며 맛과 향이 진하다. 간장 맛을 내는 요리에 이용하며, 특히 해물 요리에 잘 어울리고 광둥 요리에 주로 사용한다. 중국 요리에 사용하는 조미료 중 우리나라에 가장 많이 알려져 있다.

7 흑초(黑醋)

검은색 식초로 보통의 식초보다 산미가 약하다. 산초나무, 그을린 누룩 등을 넣어 만들기 때문에 독특한 향이 있어 맛을 돋우도록 고기 요리에도 이용한다.

8 라유(辣油)

'고추기름'이라고도 한다. 질 좋은 참기름에 씨를 뺀 붉은 고추를 많이 넣어 약한 불에 놓았다가 연기가 나기 직전에 불에서 내려 식힌 다음 다시 불에 올린다.

이런 과정을 여러 번 반복하여 붉은 고추가 차츰 검게 되면 이를 제거하고, 기름만 병에 담아 밀봉하여 둔다. 양념간장 등에 조금 넣으면 짜릿한 매운맛을 준다.

9 춘장(春醬)

콩과 밀가루를 섞어 일정 시간 발효시킨 후 소금과 캐러멜을 넣어 만든 장으로, 중국 된장인 면장(面醬)을 우리나라식으로 변형한 것이다. 우리나라에서 가장 흔히 볼 수 있는 중국 요리 중 자장면 소스의 주된 재료가 된다.

10 사차장(沙茶醬)

새우의 살을 잘게 썬 것에 야자 열매, 생강, 마늘, 깨소금, 소금, 설탕, 낙화생유를 혼합하여 걸쭉하게 한 것으로 남방 요리에 사용한다.

3. 특수 재료

1 상어지느러미(魚翅)

여러 가지 종류가 있고, 등·꼬리·가슴지느러미 중 등지느러미가 가장 맛이 좋다. 지느러미 모양 그대로 통째로 된 것을 '파이츠(排翅)'라고 부르는데, 가정 요리라기보다는 고급 연회 때 통째로 찜 요리를 한다.

가정이나 보통 음식점에서 볼 수 있는 가늘게 찢은 것이 '샥스핀'이라고 불리는 것으로, 주로 손질해서 직육면체로 만들어 놓은 건제품이 대부분이다. 필요한 만큼씩 뜯어서 물에 불렸다가 끓는 물에 술을 넣고 데쳐서 조리한다. 주로 탕이나 수프에 이용한다.

2 건해삼(乾海蔘)

찬물에 10시간 정도 담가 두었다가 이를 다시 끓는 물에 넣고 끓어오르면 불을 끄고 10시간 정도 그대로 둔다. 이를 5~6번 정도 반복하고 불리는 도중에 내장을 깨끗이 씻어 낸 다음, 마지막 삶을 때는 대파와 생강을 넣고 삶아 냄새를 제거한다. 사용하고 남은 것은 냉동 보관한다. 기름이 들어가면 해삼이 불지 않으므로 주의한다.

3 제비집(燕窩)

바닷가 해협의 높은 벼랑에 있는 제비집은 바다제비가 바다로 날아가서 바닷속의 바늘같이 가느다란 해초를 입에 물고 날아와 만든 것이다. 입에 물고 오는 동안 발라진 끈끈한 타액이 해초를 이어 주는 역할을 한다. 흰색의 연꽃잎 모양으로 흩어지지 않은 것이 좋은 품질이다.

사용할 때는 잘 건조된 것이기 때문에 그릇에 넣어서 끓는 물을 충분히 부어 뚜껑을 꼭 덮고 2~3시간 정도 방치해 두면 차츰 팽창된다. 물이 차가워지면 다시 끓는 물을 부어 충분히 팽창이 되면 물속에서 손바닥 위에 올려놓은 뒤, 속에 있는 검은 깃털이나 이물질을 핀셋으로 빼낸 후 남은 깨끗한 해초만을 사용한다. 조심해서 씻고 난 후 술을 조금 넣은 수프에 담가 두었다가 맛이 배면 물기를 없애고 요리에 이용한다. 일반적으로 수프에 많이 이용한다.

4 패주(貝柱)

가리비 또는 키조개의 관자로 신선한 것도 있고 말린 건제품도 있다. 신선한 것은 내장과 얇은 막을 제거해서 사용하는데, 오래 익히면 질겨지므로 주의한다. 말린 것은 물에 불린 후 요리에 따라 파, 술, 생강을 넣고 삶거나 쪄서 요리한다. 보통 4시간은 쪄야 부드럽다.

5 해파리(海蜇皮)

식용 해파리의 소금 절임으로 몸이 두껍고 엷은 갈색의 것일수록 좋은 제품이다. 지름 40~50cm의 원 모양인데, 사용할 때는 물에 담가 여러 번 물을 갈아 주어 짠맛을 제거한 후 70℃ 정도의 온도에서 살짝 데쳐 사용하는데, 끓는 물에 삶으면 고무줄처럼 질겨진다. 씹는 느낌이 좋기 때문에 많이 사용하며 전채 요리에 주로 사용한다.

6 피단(皮蛋)

집오리의 알을 소금, 석회, 왕겨 등의 혼합물(진흙)에 푹 싸서 항아리에 넣어 1개월 이상 밀폐 보존하여 만든다. 흰 것은 우무(한천)와 같은 색, 누런 것은 짙은 녹갈색을 띤다.

이 혼합물에 소나무, 떡갈나무를 태운 재를 혼합하면 그 나뭇잎 모양이 나오기 때문에 '송화단(松花蛋)'이라고도 한다. 전채 요리에 많이 사용하며 독특한 향이 난다.

7 목이(木耳)

목이버섯은 중국에서 표고버섯만큼이나 많이 쓰며, 특히 백목이버섯을 '인얼(銀耳)'이라 한다. 일반적으로는 쓰촨성에서만 산출된다고 하는 귀중한 것으로 고급 요리에 이용하며, 주로 탕요리에 쓴다.

8 양분피(洋粉皮)

녹두가루로 만든 둥근 형태의 쟁반 모양으로, 뜨거운 물에 2~3시간 불리거나 삶으면 반투명하고 부드러워져서 당면을 펼친 것처럼 된다. 그대로 튀겨서 마른안주, 냉채 등에 이용한다. 둥근 모양 때문에 해파리와 비슷하게 여기는 사람이 많으나, 순식물성이며 씹는 느낌도 많이 다르다.

9 죽순(竹筍)

신선한 것은 늦봄에 잠깐 나오고 손질하기도 번거로워 주로 통조림을 쓴다. 아린 맛이 있으므로 물에 담가 맛을 우려낸 후 끓는 물에 데쳐 사용한다. 대부분 음식의 부재료로 많이 사용한다.

10 자차이(榨菜)

순무의 뿌리 부분을 절여서 파채, 고추기름, 참기름으로 무친 것으로, 짜사이라고도 불리며 우리가 늘 먹는 김치처럼 기름진 중국 음식과 함께 먹으면 입안을 개운하게 해 준다. 절임 상태 그대로 사용하기도 하며, 물에 담가 짠맛을 뺀 후 요리 재료로 다양하게 쓴다.

⑦ 중국 요리의 상차림법

중국 사람들은 짝수를 좋아해서 음식의 가짓수나 초대 인원도 대개 짝수로 한다. 여럿이 둘러앉아 식사를 할 때는 주로 둥근 식탁을 사용하는데, 가정에서 갑자기 중국식으로 차린다고 해서 둥근 식탁을 들여놓을 수는 없는 일이므로, 다만 그에 준해서 상차림을 하면 된다.

1 보통 원탁의 회전 탁자 위에는 소금, 간장, 식초, 고추기름, 겨자 소스 등의 기본 조미료를 몇 세트 준비해서 놓는다.
2 메인 요리가 나와서 개개인이 덜고 난 접시도 회전 탁자 위에 놓는다. 보통의 상이라면 가운데 놓으면 된다.
3 각자의 자리 앞에는 음식을 덜어 먹을 수 있는 개인 접시를 음식의 가짓수에 맞추어 여러 개 준비한다. 그 외에 수프용 작은 공기를 한 개 놓는다.
4 젓가락과 손잡이가 달린 짧은 사기 숟가락, 찻잔, 냅킨 등을 준비한다.
5 김치나 피클, 양파, 무 등의 기본 밑반찬이 있을 때는 개개인 앞에 조금씩 놓아 주는 것이 제일 좋다.

⑧ 중국 요리의 테이블 매너

1. 테이블 세팅

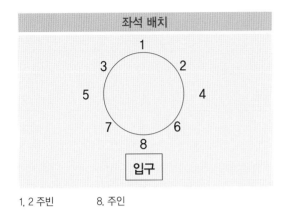

좌석 배치

1, 2 주빈　　　8. 주인

1인용 상차림

1. 젓가락	2. 숟가락	3. 숟가락 받침 접시
4. 작은 접시	5. 개인 접시	6. 수프 그릇
7. 후식 그릇	8. 술잔	

　서양 요리에는 음식이 나오는 순서에 따라 식사하는 방법에 격식이 있고, 우리나라에도 '밥상머리 예절'이라는 말이 있듯이 중국에도 특별한 테이블 매너가 있다.

　중국의 식탁은 각이 진 하나의 식탁에서 8명이 식사하는 것이 정식이나, 지금은 둥근 원형의 식탁에서 먹는 경우가 많다. 식탁 가운데 회전판이 있어 먼 곳에 있는 음식도 회전판을 돌려 쉽게 먹을 수 있으며, 한 식탁에 보통 8~10명이 앉는다.

　한 테이블에 8명이 표준이 되어 나누어 먹을 수 있는 분량의 요리를 담기 때문에 접시가 매우 크다. 그러므로 테이블 가운데 놓인 요리를 각자의 개인 접시에 긴 젓가락을 사용하여 덜어 먹게 된다.

　앉는 순서는 입구에 가까운 곳을 주인의 자리로 하고, 주인의 정면과 우측이 주빈, 좌측을 그 다음 주빈의 자리로 한다. 이어 좌우를 교대로 하여 자리를 정하고 남녀 동석(同席)으로 한다.

　두 상을 차릴 때에는 입구 쪽의 왼편이 상석이고 오른쪽은 차석이다. 사람 수에 맞추어 1인분씩 작은 접시와 큰 접시, 숟가락, 젓가락 등 식기를 골고루 갖추고, 술잔과 냅킨을 놓는다. 나눔 접시 외에도 작은 접시가 놓이는데 간장, 식초, 겨자 등 양념을 담고, 큰 접시에 있는 요리를 나누어서 식사를 한다.

2. 식사 방법

　손님이 다 모일 때까지 객실에서 건과류, 호박씨나 차를 대접한다. 손님이 모두 모이면 주인의 안내를 받아 식당의 정해진 좌석에 앉고, 착석이 끝나면 주인은 일어서서 일동에게 술을 따르고, 술잔을 들어 인사말을 한다. 요리에 대한 주문은 인원수와 같은 수로 하는 것이 양적으로 적당하다. 뜨거운 요리가 많기 때문에 우리나라처럼 한 상에 모두 차려 나오는 것이 아니라 하나씩 차례대로 나오므로 갓 만들어 낸 요리의 고유한 맛을 느낄 수 있다.

중국 사람은 한 가지씩 맛을 음미하면서 대화를 나누며 식사를 한다. 그리고 지나친 격식이 없어 손으로 새우 껍질이나 게 껍데기를 벗겨 가며 먹어도 결례가 되지 않는다.

우선 요리를 식탁에 놓으면 먼저 주인이 시식을 한 후 손님에게 음식을 권하는데, 이는 음식으로 인한 독극물 살인에 대해 안심을 시켜 주기 위한 의미가 숨어 있는 것으로 옛부터 전해져 온 것이다. 은그릇을 사용하는 것도 같은 의미로, 독이 묻은 은기는 색이 변하여 쉽게 알아볼 수 있다.

식사가 끝나면 주인은 손님들에게 음식을 싸서 돌아갈 때 나누어 주는 관습이 있다. 과음을 삼가고 절대로 추태를 부리지 않는다. 각자 자기의 술 양을 조절할 뿐 아니라 남에게도 과음을 강요하지 않는다.

식탁에서의 대화는 즐겁고 명랑한 화제여야 하고 타인의 인신공격 같은 것은 피한다. 피치 못할 사정으로 자리를 떠나야 할 때는 연회가 시작되기 전에 주인에게 양해를 구해야 하며, 자리를 떠날 때는 양쪽 손님에게 가벼운 인사를 하고 조용히 자리를 떠난다.

3. 차 마시는 법

중국에서의 차의 역사는 매우 오래되며, 차는 중국인들의 생활에 필수적인 음료로 자리잡고 있다. 중국은 지역에 따라 강우량이 적고 건조도가 높기 때문에 목이 건조해지는 것을 막기 위한 방법으로 차를 마시는 풍습이 뿌리를 내렸으며, 물이 좋지 않기 때문에 차로 끓여 마셔 왔던 것이다.

중국차는 기원전부터 매매되었고, 또한 약효가 있었으며, 오랫동안 특권층의 전유물이었다. 일반 대중이 마시게 된 것은 7세기 이후의 일로 당대(唐代) 이후라고 한다.

중국의 차는 크게 녹차(綠茶)와 홍차(紅茶) 그리고 우룽차(烏龍茶)로 나뉜다. 녹차는 발효시키지 않고 건조시켜 비타민의 함량이 높고, 홍차는 녹차를 발효시켜 맛과 향기가 좋으며 서양으로 건너가 차의 대명사가 되었다. 우룽차는 홍차를 반쯤 발효시킨 것으로 마치 까마귀의 날개처럼 검고 큰 잎이 용 모양으로 구불구불 휘어진 데서 이름이 붙었는데, 녹차와 홍차의 장점을 두루 가지고 있다.

마시는 방법은 질주전자에 찻잎을 넣고 끓는 물을 부어 잎 조각이 나오지 않도록 느릿하게 따라 마시는 것과 차보시기 속에 찻잎을 넣은 다음 끓는 물을 붓고 뚜껑을 덮어 두었다가 뚜껑을 조금 밀어 내고 마시는 방법이 있다.

4. 술 마시는 법

중국 술은 종류가 많다. 중국 술 중에는 비교적 도수가 낮은 소흥주와 알코올 도수가 50~60도나 되는 고량주가 가장 많이 알려져 있는데, 고량주나 소흥주의 종류만도 수십 가지가 넘는다. 그 외에도 백주, 황주, 포도주, 혼성주 등 여러 가지가 있다.

중국 음식에는 기름진 것이 많아 반주로는 독한 술이 어울린다. 그래서 중국 연회석상에 자주 등장하는 술은 대개 알코올 도수가 높은 독주이다. 고량주는 수수를 주원료로 하여 만든 술로 알코올 도수가 매우 높으므로 아주 작은 잔에 따라 스트레이트로 마셔야 술의 맛을 가장 잘 음미할 수 있다.

대부분의 술이 독주인 데 비해, 중국의 소흥 지방에서 생산되는 소흥주는 알코올 도수가 15~18도로 비교적 낮은 편이다. 찹쌀을 주원료로 한 발효주로 황주의 대표적인 술인데, 향을 즐기는 술로 귀한 손님을 접대할 때 애용한다. 미지근하게 중탕을 해서 마시면 향이 한결 살아난다. 연회석에서는 처음에 주객이 함께 건배한 후 새로운 요리가 나올 때마다 주인이 손님에게 술을 권하여 분위기가 활기차도록 배려한다.

1. 중국팬 손질하기

❶ 연기가 날 정도로 팬을 태운다.

❷ 팬에 물을 가득 넣고 팔팔 끓인다.

❸ 물을 따라 내고 다시 팬을 달군다.

❹ 팬에 기름을 두른다.

❺ 연기가 나도록 기름을 태운다.

❻ 팬 전체에 골고루 기름이 먹도록 닦아 낸다.

2. 오징어에 칼집 넣기

❶ 면포를 사용하여 오징어의 껍질을 벗긴다.

❷ 칼을 눕혀 일정한 간격으로 잔칼집을 넣는다.

❸ 칼집을 넣은 반대편에서 깊게 칼집을 넣는다.

❹ 두 번째 칼집을 넣는 위치에서 자른다.

❺ 끓는 물에 소금을 넣고 오징어를 데친다.

❻ 완성된 모양

3. 달걀지단 부치기

❶ 달걀을 젓가락으로 잘 푼다.

❷ 체에 걸러 불순물을 제거한다.

❸ 팬을 달궈 기름을 바른 후 닦아 낸다.

❹ 불을 약하게 줄이고 팬에 달걀을 붓는다.

❺ 젓가락으로 지단을 들어 올린다.

❻ 뒤집어서 반대편을 익힌다.

4. 만두피 만들기

❶ 밀가루를 체에 내린다.

❷ 분량의 물을 넣고 골고루 섞는다.

❸ 손으로 잘 치대 반죽한다.

❹ 젖은 면포로 감싸 놓는다.

❺ 손가락 굵기로 만들어 칼로 잘라 등분한다.

❻ 밀대로 둥글고 얇게 민다.

5. 겨자 소스 만들기

❶ 겨자가루에 따뜻한 물을 넣는다.

❷ 부드럽게 개어서 그릇의 벽면에 펴 바른다.

❸ 냄비 뚜껑 위에 엎어 놓고 따뜻한 온도를 유지한다.

❹ 설탕과 소금을 넣고 잘 섞는다.

❺ 식초의 절반 분량을 넣어 덩어리가 없도록 갠다.

❻ 나머지 분량의 식초와 육수(또는 물)를 넣고 완전히 풀어 준다.

6. 고구마탕(빠스고구마) 만들기

❶ 기름을 두른 팬에 설탕을 넣는다.

❷ 설탕을 젓지 말고 그대로 녹인다.

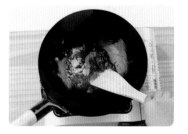

❸ 설탕이 거의 녹으면 나무 주걱으로 저어 완전히 녹인다.

❹ 튀긴 고구마를 넣는다.

❺ 물을 조금 넣어 붙지 않도록 한다.

❻ 나무 주걱으로 재빨리 버무린다.

7. 고추기름 만들기

❶ 팬에 기름을 넣고 달군 후 고춧가루를 넣어 볶는다.

❷ 볶은 고춧가루를 고운체에 거른다.

❸ 걸러진 완성품

8. 생강즙 만들기

❶ 생강을 강판에 곱게 간다.

❷ 면포에 생강을 감싼다.

❸ 면포에 감싼 채 물에 넣고 주물러 즙을 우려낸다.

9. 닭다리 손질하기

❶ 뼈를 중심으로 칼집을 넣는다.

❷ 살이 붙어 있지 않도록 뼈를 발라 낸다.

❸ 힘줄 부분에 칼집을 넣는다.

10. 해파리 손질하기

❶ 해파리를 주물러 빨아 짠맛을 뺀다.

❷ 70℃ 정도의 끓지 않는 물에 해파리를 데친다.

❸ 설탕과 식초에 재워 둔다.

11. 육수 끓이기(닭고기 육수)

재료
물 2.5L, 닭뼈 1kg, 대파 1줄기, 생강 20g, 마른 고추 1개, 양파 1개

1 닭뼈는 내장 찌꺼기와 기름기 등을 제거하여 깨끗이 씻어 불순물을 제거한 후 뼈를 절반으로 잘라 국물이 잘 우러나도록 한다.

2 끓는 물에 닭뼈를 넣어 한번 끓으면 누린내 제거를 위해 물을 따라 버리고 다시 냄비에 뼈를 담아 물을 가득 채운다.

3 준비한 채소를 적당한 크기로 썰어 넣고 불을 켠다.

4 냄비의 뚜껑을 연 채로 처음에는 센 불에서 끓이다가 불을 약하게 줄여 1시간가량 끓인다.

5 도중에 떠오르는 거품은 국자로 걷어 낸다.

6 맛이 우러나면 국물을 면포에 걸러 놓는다.

7 육수가 완전히 식어 국물 위로 기름이 굳으면 다시 한 번 면포에 걸러 맑고 깨끗한 육수를 준비한다.

12. 건해삼 불리기

1 건해삼은 뜨거운 물에 하룻밤 담가 둔다.

2 다음 날 물을 버리지 말고 그대로 한번 끓인다.

3 물이 식으면 해삼의 배 부분에 길게 칼집을 넣어 흐르는 물에 씻은 후 새로운 물을 부어 다시 한 번 끓인다.

4 이것을 끓인 물째 그대로 하룻밤 두었다가 칼집을 넣은 부분에서 내장과 모래를 꺼내고 깨끗이 씻는다.

5 다시 여기에 물을 붓고 끓여 물이 식을 때까지 그대로 둔다.

6 물이 식으면 해삼을 깨끗이 씻어 하룻밤 더 물에 담갔다가 사용하고 남은 것은 냉동 보관한다.

중식 조리 기능사 실기 시험 공통 사항

- 만드는 순서에 유의하며, 위생과 숙련된 기능 평가를 위하여 조리 작업 시 맛을 보지 않는다.

- 지정된 수험자 지참 준비물 이외의 조리기구나 재료를 시험장 내에 지참할 수 없다.

- 지급 재료는 시험 전 확인하여 이상이 있을 경우 시험위원으로부터 조치를 받고 시험 중에는 재료의 교환 및 추가 지급은 하지 않는다.

- 요구 사항의 규격은 "정도"의 의미를 포함하며, 지급된 재료의 크기에 따라 가감하여 채점한다.

- 위생복, 위생모, 앞치마, 마스크를 착용하여야 하며, 시험장비 · 조리기구 취급 등 안전에 유의한다.

- 다음 사항은 실격에 해당하여 채점 대상에서 제외된다.

   (가) 수험자 본인이 시험 중 시험에 대한 포기 의사를 표현하는 경우

   (나) 위생복, 위생모, 앞치마, 마스크를 착용하지 않은 경우

   (다) 시험 시간 내에 과제 두 가지를 제출하지 못한 경우

   (라) 문제의 요구 사항대로 과제의 수량이 만들어지지 않은 경우

   (마) 완성품을 요구 사항의 과제(요리)가 아닌 다른 요리(예 달걀말이 → 달걀찜)로 만든 경우

   (바) 불을 사용하여 만든 조리 작품이 작품의 특성에 벗어나는 정도로 타거나 익지 않은 경우

   (사) 해당 과제의 지급 재료 이외의 재료를 사용하거나, 요구 사항의 조리기구(석쇠 등)로 완성품을 조리하지 않은 경우

   (아) 지정된 수험자 지참 준비물 이외의 조리기술에 영향을 줄 수 있는 기구를 사용한 경우

   (자) 가스레인지 화구 2개 이상(2개 포함) 사용한 경우

   (차) 시험 중 시설 · 장비(칼, 가스레인지 등) 사용 시 시험위원 및 타수험자의 시험 진행에 위해를 일으킬 것으로 시험위원 전원이 합의하여 판단한 경우

   (카) 요구 사항에 표시된 실격 및 부정행위에 해당하는 경우

- 항목별 배점은 위생 상태 및 안전 관리 5점, 조리 기술 30점, 작품의 평가 15점이다.

- 시험 시작 전 가벼운 몸 풀기(스트레칭) 동작으로 긴장을 풀고 시험을 시작한다.

중식
조리 기능사
출제 메뉴

- 전채 요리
- 튀김 요리
- 볶음 요리
- 면류
- 밥류
- 후식류

오징어냉채

凉拌墨鱼 : 량반모위

 **요구
사항** 주어진 재료를 사용하여 오징어냉채를 만드시오.

1. 오징어 몸살은 **종횡**으로 **칼집**을 내어 **3~4cm**로 썰어 데쳐서 사용하시오.

2. 오이는 얇게 **3cm 편**으로 썰어 사용하시오.

3. 겨자를 숙성시킨 후 **소스**를 만드시오.

지급 재료

갑오징어살(오징어로 대체 가능) 100g, **오이**(가늘고 곧은 것, 길이 20cm) 1/3개, **식초** 30mL, **흰설탕** 15g, **소금**(정제염) 2g, **참기름** 5mL, **겨자** 20g
[겨자 소스] 겨자 1큰술, 물(40℃) 1큰술, 소금 1/4작은술, 흰설탕·식초 1큰술씩, 물 1/2큰술, 참기름 약간

만드는법

1. 갑오징어살은 안쪽 내장 부위의 너덜거리는 살과 겉껍질, 안쪽의 얇은 막을 제거한 후 내장이 있던 안쪽에 대각선 방향으로 0.5cm 간격의 잔칼집을 넣은 다음 세로 방향으로 4cm 폭이 되도록 썬다.

2. 위의 갑오징어를 썬 방향과 반대 방향으로 얇고 깊게 칼집을 한번 넣은 후 두 번째에는 비슷한 각도로 저며 썬다. 이때 길이는 3cm 가 되도록 한다.

3. 오이는 소금으로 비벼 씻어 껍질에 남아 있는 가시를 제거한 후 길이로 반을 잘라 3cm 정도 길이로 어슷하게 얇게 썬다.

4. 냄비에 물을 올려 40℃ 정도로 따뜻해지면 겨자 1큰술에 물 1큰술 정도를 넣고 부드럽게 개어 그릇 안쪽에 펴 바른 후 냄비 뚜껑 위에 겨자 그릇을 엎어 놓고 매운맛이 우러나도록 숙성시킨다.

5. 손질한 갑오징어살을 끓는 물에 소금을 넣고 살짝 데친 후 물기를 빼고 식혀 둔다.

6. 숙성시킨 겨자에 소금 1/4작은술과 흰설탕 1큰술을 넣고 덩어리 지지 않도록 잘 푼 후 식초를 먼저 1/2큰술을 넣고 걸쭉하게 풀어 지면 나머지 식초 1/2큰술과 물 1/2큰술로 묽게 풀어 준 다음, 참기름을 넣고 향을 내 겨자 소스를 만든다.

7. 갑오징어살과 오이를 우묵한 그릇에 담고 겨자 소스의 절반 분량을 넣어 숟가락으로 살살 버무린 후 완성 그릇에 담고 나머지 겨자 소스를 살짝 끼얹어 낸다.

▲ 오징어에 사선으로 칼집을 넣은 후 반대 방향으로 포를 뜬다.

▲ 겨자 갠 것을 숙성시킨다.

▲ 끓는 물에 오징어를 넣고 데친다.

정보

• 갑오징어에 칼집을 넣을 때는 오징어 두께의 절반 정도 깊이로, 반드시 안쪽에 넣어야 데쳤을 때 깔끔한 모양이 나온다.
• 겨자의 매운맛이 잘 나지 않을 때에는 나무젓가락을 사용하여 한쪽 방향으로 여러 번 저어 주면 매운맛이 우러난다.

해파리냉채

凉拌海蜇皮 : 량반하이저피

⏱ 20분

 **요구
사항** 주어진 재료를 사용하여 다음과 같이 해파리냉채를 만드시오.

1. 해파리는 **염분**을 제거하고 살짝 데쳐서 사용하시오.

2. 오이는 0.2×6cm 크기로 어슷하게 **채**를 써시오.

3. 해파리와 오이를 섞어 **마늘 소스**를 끼얹어 내시오.

지급 재료

해파리 150g, **오이**(가늘고 곧은 것, 길이 20cm) 1/2개, **마늘**(중, 깐 것) 3쪽, **식초** 45mL, **흰설탕** 15g, **소금**(정제염) 7g, **참기름** 5mL

[마늘 소스] 마늘 3쪽, 흰설탕 1큰술, 소금 1/4작은술, 식초 2큰술, 참기름 약간

만드는 법

1. 해파리는 우묵한 그릇에 담고 물을 부어 손으로 주물러 씻은 후 물에 여러 번 헹궈 염분을 제거한다.

2. 냄비에 물을 올려 끓기 전에 불을 끄고 70℃ 정도의 온도에 해파리를 넣어 살짝 데친 후 찬물에 헹군다.

3. 데친 해파리의 물기를 꼭 짠 후 식초와 흰설탕을 약간씩 넣고 버무려 해파리가 투명하고 부드러워지면 다시 물기를 짜서 준비해 둔다.

4. 오이는 소금으로 비벼 씻어 가시를 제거한 후 0.2cm 두께로 어슷하게 저민 후 나란히 놓고 0.2cm 두께로 채를 썬다.

5. 마늘은 굵게 편으로 썰어 가지런히 겹쳐서 채를 썬 후 다진다.

6. 다진 마늘과 분량의 흰설탕, 소금, 식초, 참기름을 그릇에 넣고 흰설탕과 소금이 완전히 녹도록 잘 섞어 마늘 소스를 만든다.

7. 해파리와 오이를 그릇에 담고 절반 분량의 마늘 소스를 넣어 젓가락으로 살살 버무린 후 완성 그릇에 소복이 담고 남은 마늘 소스를 끼얹어 낸다.

▲ 70℃의 물에 해파리를 데친다.

▲ 오이를 어슷하게 저민 후 곱게 채 썬다.

▲ 마늘 소스를 만든다.

정보

• 마늘 소스를 너무 일찍 버무리면 물이 많이 생기므로 내기 직전에 버무리는 것이 좋다.

• 해파리는 끓는 물에 데치면 고무줄처럼 질겨지고 형태가 많이 줄어들므로 데칠 때 온도에 주의한다.

• 오이는 어슷하게 편으로 썬 후 곱게 채를 썰어도 좋다.

양장피잡채
炒肉两张皮 : 차오러우량장피

⏱ 35분

 요구
사항 주어진 재료를 사용하여 양장피잡채를 만드시오.

1. 양장피는 4cm로 하시오.

2. 고기와 채소는 5cm 길이의 **채**를 써시오.

3. 겨자는 **숙성**시켜 사용하시오.

4. 볶은 재료와 볶지 않은 재료의 **분별**에 유의하여 담아내시오.

양장피 1/2장, **돼지 등심**(살코기) 50g, **양파**(중, 150g) 1/2개, **조선 부추** 30g, **건목이버섯** 1개, **당근**(길이로 썰어서) 50g, **오이** (가늘고 곧은 것, 길이 20cm) 1/3개, **달걀** 1개, **진간장** 5mL, **참기름** 5mL, **겨자** 10g, **식초** 50mL, **흰설탕** 30g, **식용유** 20mL, **작은 새우살** 50g, **갑오징어살**(오징어로 대체 가능) 50g, **건해삼**(불린 것) 60g, **소금**(정제염) 3g
[겨자 소스] 겨자 1큰술, 물(40℃) 1큰술, 소금 1/2작은술, 흰설탕·식초 1큰술씩, 물 1/2큰술, 참기름 약간

만드는법

1. 냄비에 물을 올려 40℃ 정도로 따뜻해지면 겨자 1큰술에 물 1큰술 정도를 넣고 부드럽게 개어 그릇 안쪽에 펴 바른 후 냄비 뚜껑 위에 겨자 그릇을 엎어 놓고 매운맛이 우러나도록 숙성시킨다.

2. 건목이버섯은 따뜻한 물에 불린다.

3. 새우살은 등 쪽의 내장을 빼고 끓는 물에 소금을 약간 넣어 삶고, 불린 건해삼은 끓는 물에 데쳐서 채를 썰어 놓는다.

4. 갑오징어살은 껍질을 벗기고 안쪽에 사선으로 잔칼집을 넣은 후 가로 5cm 길이로 깊게 1번 칼집을 넣어 주고 두 번째에 포를 뜨듯 잘라 내 끓는 물에 살짝 데친다.

5. 달걀은 흰자와 노른자를 잘 섞어 소금으로 간을 하고 체에 거른 후 달걀지단을 만든다.

6. 오이는 소금으로 비벼 씻어 가시를 제거한 후 5cm 길이로 돌려 깎아 채 썰고, 당근과 달걀지단도 같은 크기로 채 썬다.

7. 돼지 등심은 핏물을 제거하고 5cm 길이로 채 썬다.

8. 조선 부추와 양파는 5cm 길이로 채 썰고, 불려 놓은 목이버섯은 물기를 제거하고 채를 썬다.

9. 팬에 식용유를 두르고 진간장 1작은술을 넣어 향을 낸 후 돼지고기, 양파, 목이버섯 순서로 볶다가 조선 부추를 넣고 볶으면서 소금과 참기름으로 간을 하여 잡채를 만든다.

10. 끓는 물에 양장피를 삶아 부드러워지면 찬물에 헹군 후 물기를 빼고 4cm 길이로 썰어 진간장과 참기름으로 밑간한다.

11. 접시에 당근, 오이, 달걀지단, 새우살, 갑오징어살, 해삼을 각각 마주 보도록 돌려 담은 후 그 위에 양장피를 깔고 볶아 놓은 잡채를 소복하게 담는다.

12. 숙성시킨 겨자에 나머지 분량의 양념을 넣고 잘 섞어 겨자 소스를 만든 후 양장피잡채에 곁들여 낸다.

▲ 재료를 각각 채 썬다.

▲ 양장피를 삶아 찬물에 헹군다.

▲ 재료를 접시에 돌려 담는다.

정보

• 양장피 위에 잡채를 올릴 때는 가장자리에 양장피가 보이도록 담는다.

라조기

辣椒鸡 : 라자오지

⏱ 30분

 요구 사항 주어진 재료를 사용하여 다음과 같이 라조기를 만드시오.

1. 닭은 뼈를 발라 낸 후 5×1cm 길이로 써시오.

2. 채소는 5×2cm 길이로 써시오.

닭다리(한 마리 1.2kg, 허벅지살 포함, 1/2마리 지급 가능) 1개, **죽순**(통조림(whole), 고형분) 50g, **건표고버섯**(지름 5cm, 물에 불린 것) 1개, **홍고추**(건) 1개, **양송이**(통조림(whole), 양송이 큰 것) 1개, **청피망**(중, 75g) 1/3개, **청경채** 1포기, **생강** 5g, **대파**(흰 부분, 6cm) 2토막, **마늘**(중, 깐 것) 1쪽, **달걀** 1개, **진간장** 30mL, **소금**(정제염) 5g, **청주** 15mL, **녹말가루**(감자 전분) 100g, **고추기름** 10mL, **식용유** 900mL, **검은 후춧가루** 1g

[물녹말] 물 1큰술, 녹말가루 1큰술

만드는법

1. 생강은 절반을 잘라 강판에 갈거나 칼등으로 으깬 후 면포에 넣고 물을 약간 묻혀 꼭 짜서 생강즙을 만든다.

2. 닭다리는 불순물을 제거하고 뼈를 발라 낸 후 껍질째 길이 5cm, 폭 1cm 크기(손가락 굵기 정도)로 길게 썰어 생강즙, 소금, 검은 후춧가루, 청주를 넣고 주물러 밑간한다.

3. 건홍고추와 청피망은 반으로 길게 갈라 씨를 뺀 후 길이 5cm, 폭 2cm 정도 크기로 썰고, 대파와 죽순도 같은 크기로 썬다.

4. 양송이, 마늘, 나머지 생강은 각각 모양대로 편을 썰고, 물에 불린 건표고버섯은 물기를 제거하고 기둥을 뗀 후 저며 길이 5cm, 폭 2cm로 썬다. 청경채는 밑동을 자르고 5cm 길이로 썬다.

5. 밑간한 닭고기에 달걀흰자와 녹말가루를 넣고 버무려 튀김옷을 입힌 후 170℃ 정도로 달군 식용유에 넣고 2번 튀겨 바삭하게 준비한다.

6. 팬을 달궈 고추기름을 두르고 편 썬 마늘과 생강을 넣어 볶다가 건홍고추를 넣어 매운맛이 우러나도록 한 다음, 양송이와 죽순, 대파, 표고버섯을 넣고 볶다가 진간장과 청주를 넣어 향을 낸 후 물 200mL를 넣고 끓인다.

7. 6에 소금과 청주를 넣어 간을 맞춘 후 물녹말을 만들어 풀어 넣고 저어 가며 적당한 농도가 나도록 끓이다가 청피망과 청경채, 튀긴 닭고기를 넣고 버무려 접시에 담아낸다.

▲ 닭의 뼈를 발라낸다.

▲ 재료를 각각 썰어 놓는다.

▲ 튀긴 닭을 넣고 버무린다.

정보

- 피망은 열에 의해 색이 누렇게 변하므로 마지막에 넣어 푸른색을 유지한다.
- 물녹말은 녹말가루와 물의 비율을 1:1로 하여 만들며, 한꺼번에 넣으면 뭉칠 수 있으므로 저어 가며 조금씩 풀어 넣는다.

깐풍기

干烹鸡 : 간펑지

⏱ 30분

주어진 재료를 사용하여 깐풍기를 만드시오.

1. 닭은 뼈를 발라 낸 후 사방 3cm 사각형으로 써시오.

2. 닭을 튀기기 전에 **튀김옷을** 입히시오.

3. 채소는 0.5×0.5cm로 써시오.

지급 재료

닭다리(한 마리 1.2kg, 허벅지살 포함, 1/2마리 지급 가능) 1개, **진간장** 15mL, **검은 후춧가루** 1g, **청주** 15mL, **달걀** 1개, **흰설탕** 15g, **녹말가루**(감자 전분) 100g, **식초** 15mL, **마늘**(중, 간 것) 3쪽, **대파**(흰 부분, 6cm) 2토막, **청피망**(중, 75g) 1/4개, **홍고추**(생) 1/2개, **생강** 5g, **참기름** 5mL, **식용유** 800mL, **소금**(정제염) 10g
[깐풍 소스] 물 2큰술, 진간장 · 흰설탕 · 청주 1큰술씩, 식초 1작은술

만드는 법

1. 생강은 절반을 잘라 강판에 갈거나 칼등으로 으깬 후 면포에 넣고 물을 약간 묻혀 꼭 짜서 생강즙을 만든다.

2. 닭다리는 불순물을 제거하고 뼈를 발라 낸 후 껍질째 사방 3cm 크기로 썰어 생강즙, 소금, 검은 후춧가루, 청주를 넣고 버무려 밑간한다.

3. 밑간한 닭고기에 녹말가루와 달걀흰자를 넣고 버무려 튀김옷을 입힌 후 170℃ 정도로 달군 식용유에 튀겨 낸다.

▲ 닭고기에 녹말가루와 달걀흰자를 넣고 버무린다.

4. 튀긴 닭고기를 체로 건진 후 남은 수분이 빠져 바삭해지도록 다시 팬에 식용유를 달궈 노릇노릇하게 한 번 더 튀긴다.

5. 홍고추와 청피망은 꼭지를 떼고 반 갈라 씨를 뺀 후 0.5cm 크기로 썬다.

6. 대파는 홍고추와 같은 크기로 썰고, 마늘과 나머지 생강은 굵직하게 썬다.

▲ 닭고기를 기름에 튀긴다.

7. 물, 진간장, 흰설탕, 청주, 식초를 분량대로 잘 섞어 깐풍 소스를 만든다.

8. 팬에 식용유를 두르고 뜨거워지면 홍고추, 대파, 마늘, 생강을 넣어 향이 우러나도록 볶다가 깐풍 소스를 넣고 끓인다.

9. 튀긴 닭고기를 8에 넣고 국물이 없어질 때까지 조리다가 마지막에 참기름과 청피망을 넣고 버무려 낸다.

▲ 재료를 볶다가 깐풍 소스를 넣는다.

정보

- 깐풍기는 탕수육이나 라조기와는 달리 국물이 없도록 만든 요리로, 채소의 색이 선명하도록 재빨리 완성한다.
- 닭은 처음 썰었을 때보다 튀긴 후에 반죽이 부풀어 크기가 약간 커지므로 주의한다.

난자완스

南煎丸子 : 난젠완쯔

⏰ 25분

요구
사항

주어진 재료를 사용하여 다음과 같이 난자완스를 만드시오.

1. 완자는 지름 4cm로 둥글고 납작하게 만드시오.

2. 완자는 손이나 수저로 하나씩 떼어 팬에서 모양을 만드시오.

3. 채소는 4cm 크기의 편으로 써시오(단, 대파는 3cm 크기).

4. 완자는 갈색이 나도록 하시오.

돼지 등심(다진 살코기) 200g, **마늘**(중, 깐 것) 2쪽, **대파**(흰 부분, 6cm) 1토막, **소금**(정제염) 3g, **달걀** 1개, **녹말가루**(감자 전분) 50g, **죽순**(통조림(whole), 고형분) 50g, **건표고버섯**(지름 5cm, 물에 불린 것) 2개, **생강** 5g, **검은 후춧가루** 1g, **청경채** 1포기, **진간장** 15mL, **청주** 20mL, **참기름** 5mL, **식용유** 800mL
[물녹말] 물 1큰술, 녹말가루 1큰술

만드는 법

1. 대파, 마늘, 생강은 절반 분량을 곱게 다져 돼지 등심 양념용으로 준비하고, 나머지 대파는 3cm 길이로 편 썰고, 나머지 마늘과 생강은 모양을 살려 편 썬다.

2. 다진 돼지 등심은 핏물을 제거하고 다진 대파·마늘·생강과 소금·진간장·청주·검은 후춧가루로 밑간한 다음, 달걀흰자와 녹말가루를 넣고 끈기가 생길 때까지 치대어 반죽한다.

3. 물에 불린 건표고버섯은 물기를 제거하고 기둥을 떼어 낸 후 4cm 크기로 편 썰고, 죽순은 빗살무늬를 살려 4cm 길이로 편 썬다.

4. 청경채는 밑동을 떼고 끓는 물에 데친다.

5. 달궈진 팬에 식용유를 넉넉히 두른 후 2의 고기 반죽을 손으로 둥글게 짜서 숟가락으로 떠서 올린다.

6. 위의 고기 완자를 숟가락으로 지름 4cm 정도가 되도록 납작하게 누른 후 앞뒤로 갈색이 나도록 지진다.

7. 다시 팬에 식용유를 두르고 편 썬 대파·마늘·생강을 넣고 볶아 향을 낸 후 표고버섯, 죽순의 순서로 넣고 볶다가 진간장과 청주를 넣고 간을 한다.

8. 7에 물 200mL를 넣고 소금으로 간을 맞춘 후 지져 낸 완자를 넣고 끓이다가 물녹말을 만들어 풀어 넣고 걸쭉해지도록 농도를 맞춘다.

9. 마지막에 청경채와 참기름을 넣어 버무리고 그릇에 담아낸다.

▲ 완자를 손으로 짜서 숟가락으로 떠 팬에 놓는다.

▲ 완자를 앞뒤로 갈색이 나도록 지진다.

▲ 물녹말을 넣어 농도를 맞춘다.

- 고기 반죽이 익으면서 두꺼워지고 지름이 작아지므로 될수록 납작하게 눌러 익은 후의 모양이 납작하게 유지될 수 있도록 하는 것이 좋다.
- 고기 반죽에 녹말가루를 너무 많이 넣으면 완자가 딱딱해지므로, 반죽을 약간 질게 해야 익은 후에 부드럽다.

새우케첩볶음

蕃茄虾仁 : 판치에샤런

⏱ 25분

**요구
사항**

주어진 재료를 사용하여 다음과 같이 새우케첩볶음을 만드시오.

1. 새우 내장을 제거하시오.

2. 당근과 양파는 1cm 크기의 사각으로 써시오.

지급 재료

작은 새우살(내장이 있는 것) 200g, **진간장** 15mL, **달걀** 1개, **녹말가루**(감자 전분) 100g, **토마토케첩** 50g, **청주** 30mL, **당근**(길이로 썰어서) 30g, **양파**(중, 150g) 1/6개, **소금**(정제염) 2g, **흰설탕** 10g, **식용유** 800mL, **생강** 5g, **대파**(흰 부분, 6cm) 1토막, **이쑤시개** 1개, **완두콩** 10g
[**물녹말**] 물 1/2큰술, 녹말가루 1/2큰술

만드는법

1. 새우살은 이쑤시개를 사용하여 등 쪽의 내장을 제거한 후 소금물로 씻고 물기를 뺀다.

2. 완두콩은 통조림으로 주어질 경우에는 삶지 않고 그대로 사용하고, 생것으로 주어질 경우에는 끓는 물에 소금을 넣고 파랗게 삶아 찬물에 식힌 후 사용한다.

▲ 새우 등쪽의 내장을 제거한다.

3. 양파는 한 겹 한 겹 벗겨 사방 1cm 크기의 사각으로 편 썰고, 당근은 사방 1cm, 두께 0.2cm 크기의 사각으로 편 썬다.

4. 대파는 길이로 반을 갈라 1cm 크기로 편 썰고, 생강은 모양대로 편 썬다.

5. 새우살에 녹말가루, 달걀흰자, 청주를 넣어 튀김옷이 흐르지 않을 정도로 농도를 맞추고 170℃로 달군 식용유에 바삭하게 튀겨 낸 후 체에 밭쳐 기름기를 제거한다.

▲ 녹말가루, 달걀흰자, 청주를 넣고 반죽한다.

6. 팬에 식용유를 두르고 달궈 대파와 생강을 넣어 볶다가 청주로 향을 내고 양파와 당근을 넣어 볶는다.

7. 6에 토마토케첩 3큰술을 넣어 신맛이 제거될 정도로 볶아 준 후 물 100mL를 넣고 끓으면 흰설탕 1큰술과 진간장 1/2큰술로 간을 한다.

8. 물녹말을 만들어 녹말이 가라앉지 않도록 잘 저어 7에 조금씩 넣으며 걸쭉하게 농도를 맞춘 후 튀긴 새우와 완두콩을 넣고 골고루 버무려 접시에 담아낸다.

▲ 채소를 볶다가 케첩을 넣어 볶는다.

정보

• 완성된 작품의 국물은 흘러내리지 않는 정도의 농도로 맞춘다.
• 새우는 두 번 튀기면 수분이 지나치게 빠져 뻣뻣해지므로 한 번만 튀긴다.

홍쇼두부

红烧豆腐 : 홍사오더우푸

⏲ 30분

요구사항

주어진 재료를 사용하여 홍쇼두부를 만드시오.

1. 두부는 가로와 세로 5cm, 두께 1cm의 삼각형 크기로 써시오.

2. 채소는 편으로 써시오.

3. 두부는 으깨어지거나 붙지 않게 하고 **갈색**이 나도록 하시오.

두부 150g, **돼지 등심**(살코기) 50g, **건표고버섯**(지름 5cm, 물에 불린 것) 1개, **죽순**(통조림(whole), 고형분) 30g, **마늘**(중, 깐 것)
2쪽, **생강** 5g, **진간장** 15mL, **녹말가루**(감자 전분) 10g, **청주** 5mL, **참기름** 5mL, **식용유** 500mL, **청경채** 1포기, **대파**(흰 부분,
6cm) 1토막, **홍고추**(생) 1개, **양송이**(통조림(whole), 양송이 큰 것) 1개, **달걀** 1개
[물녹말] 물 1/2큰술, 녹말가루 1/2큰술

만드는 법

1. 두부는 겉의 딱딱한 부분을 잘라 내고 가로와 세로 5cm 사각형으로 썰어 사선으로 반을 자른 후 두께 1cm의 삼각형으로 썰어 물기를 제거한다.

2. 돼지 등심은 핏물을 제거하고 결 반대 방향으로 얇게 저며 진간장 1큰술, 청주 약간을 넣고 밑간한 후 달걀흰자와 녹말가루를 넣고 버무린다.

3. 청경채는 밑동을 자르고 4cm 길이로 썰고, 홍고추는 반을 갈라 씨를 제거한 후 길이 4cm, 폭 1cm로 썬다. 죽순은 빗살무늬를 살려 길이 4cm, 두께 0.3cm로 썬다.

4. 물에 불린 건표고버섯은 물기를 제거하고 기둥을 떼어 낸 후 4cm 길이로 편 썰고, 양송이는 모양을 살려 0.3cm 두께로 편 썬다.

5. 대파는 4cm 길이로 썰어 길이로 4등분하고, 마늘과 생강은 각각 얇게 편 썬다.

6. 팬에 식용유를 두르고 뜨거워지면 물기를 제거한 두부를 넣어 앞뒤가 노릇노릇해지도록 지져 낸다.

7. 팬에 식용유를 넉넉히 두르고 돼지고기를 넣어 부드럽게 볶아 꺼낸다.

8. 다시 팬에 식용유를 두르고 홍고추를 볶아 고추기름을 낸 후 대파, 마늘, 생강을 넣고 볶는다. 여기에 표고버섯, 양송이, 죽순, 청경채 순서로 넣고 볶다가 물을 넣는다.

9. 국물이 끓으면 돼지고기와 두부를 넣고 진간장과 청주로 간을 한 후 물녹말을 만들어 풀어 넣고 끓여 걸쭉하게 농도를 맞춘다.

10. 마지막에 참기름을 1방울 떨어뜨리고 고루 섞어 접시에 담아낸다.

▲ 두부를 삼각 모양으로 썬다.

▲ 두부를 노릇노릇하게 지져 낸다.

▲ 두부를 넣는다.

정보

• 두부는 낮은 온도에서 오랫동안 지지면 수분이 지나치게 빠져 질겨진다.
• 간장 빛깔이 소스 전체에 붉은 느낌이 들도록 색을 낸다.

탕수육

糖醋肉 : 탕추러우

🕐 30분

**요구
사항**

주어진 재료를 사용하여 탕수육을 만드시오.

1. 돼지고기는 길이 4cm, 두께 1cm의 긴 **사각형** 크기로 써시오.

2. 채소는 **편**으로 써시오.

3. **앙금녹말**을 만들어 사용하시오.

4. 소스는 달콤하고 **새콤**한 맛이 나도록 만들어 **돼지고기**에 버무려 내시오.

지급 재료

돼지 등심(살코기) 200g, **진간장** 15mL, **달걀** 1개, **녹말가루**(감자 전분) 100g, **식용유** 800mL, **식초** 50mL, **흰설탕** 100g, **대파**(흰 부분, 6cm) 1토막, **당근**(길이로 썰어서) 30g, **완두**(통조림) 15g, **오이**(가늘고 곧은 것, 20cm, 원형으로 지급) 1/4개, **건목이버섯** 1개, **양파**(중, 150g) 1/4개, **청주** 15mL
[탕수 소스] 물 200mL, 진간장 1큰술, 흰설탕 4큰술, 식초 2큰술
[물녹말] 물 1큰술, 녹말가루 1큰술

만드는 법

1. 소스용 녹말가루를 제외한 감자 전분은 우묵한 볼에 담고 물 1컵을 넣고 섞어 가라앉혀서 앙금녹말을 만든다.

2. 건목이버섯은 따뜻한 물에 불려 둔다.

3. 돼지 등심은 핏물을 제거하고 결 반대 방향으로 길이 4cm, 두께 1cm의 긴 사각형으로 썬 후 진간장 1/2큰술, 청주 약간을 넣고 밑간한다.

▲ 고기를 결 반대 방향으로 썬다.

4. 물에 불린 목이버섯은 물기를 제거하고 손으로 적당히 뜯어 놓는다.

5. 오이와 당근은 길게 반으로 갈라 4cm 길이로 어슷하게 편 썰고, 대파와 양파는 길이 4cm, 폭 1cm로 썬다.

6. 1의 녹말이 가라앉으면 웃물을 따라 버린다.

▲ 채소를 썰어 준비한다.

7. 밑간해 둔 돼지고기는 달걀흰자와 앙금녹말을 넣어 약간 되직하게 반죽해서 170℃의 식용유에 2번 튀겨 바삭하게 준비한다.

8. 분량의 물, 진간장, 흰설탕, 식초를 잘 섞어 탕수 소스를 만든다.

9. 팬에 식용유를 두르고 달궈 대파를 넣어 볶다가 양파, 당근, 목이버섯 순서로 넣고 볶는다.

10. 9에 탕수 소스를 붓고 끓으면 물녹말을 만들어 조금씩 풀어 넣어 뭉치지 않도록 저어 가며 걸쭉하게 끓인다.

▲ 채소를 볶다가 탕수 소스를 넣는다.

11. 농도가 나면 튀긴 돼지고기를 넣고 골고루 버무리다가 오이와 완두콩을 넣고 불을 끈 후 접시에 담아낸다.

정보

• 고기를 2번 튀기면 고기 속의 수분이 충분히 빠져 바삭한 식감이 오래 지속된다.

• 푸른색 채소는 산과 식초에 의하여 변색되기 쉬우므로, 되도록 조리의 마지막 단계에 넣어 색이 선명하게 유지되도록 한다.

탕수생선살

糖醋鱼块 : 탕추위콰이

⏱ 30분

 요구
사항

주어진 재료를 사용하여 다음과 같이 탕수생선살을 만드시오.

1. 생선살은 1×4cm 크기로 썰어 사용하시오.

2. 채소는 편으로 썰어 사용하시오.

3. 소스는 달콤하고 새콤한 맛이 나도록 만들어 튀긴 생선에 버무려 내시오.

흰생선살(껍질 벗긴 것, 동태 또는 대구) 150g, **당근** 30g, **오이**(가늘고 곧은 것, 길이 20cm) 1/6개, **완두콩** 20g, **파인애플**
(통조림) 1쪽, **건목이버섯** 1개, **녹말가루**(감자 전분) 100g, **식용유** 600mL, **식초** 60mL, **흰설탕** 100g, **진간장** 30mL, **달걀** 1개
[**물녹말**] 물 1큰술, 녹말가루 1큰술

만드는 법

1. 건목이버섯은 따뜻한 물에 담가 부드럽게 불려 준비한다.

2. 흰생선살은 두께 1cm, 길이 4cm 크기로 썰어서 물기를 제거해 놓는다.

3. 녹말가루 2/3컵 분량에 달걀흰자 1개를 넣고 잘 저어 튀김옷을 만든 후 2의 흰생선살에 묻힌 다음, 식용유를 넉넉히 붓고 뜨겁게 달군 팬에 넣어 바삭하게 2번 튀겨 낸다.

4. 당근과 오이는 폭 1cm, 길이 4cm 크기로 얇게 편 썰어 준비한다.

5. 물에 불린 목이버섯은 물기를 제거하고 적당한 크기로 찢어서 준비하고, 파인애플은 6등분한다.

6. 완두콩은 통조림으로 주어질 경우에는 삶지 않고 그대로 사용하고, 생것으로 주어질 경우에는 끓는 물에 파랗게 삶아 찬물에 식힌 후 사용한다.

7. 물 1컵에 식초 2큰술, 설탕 4큰술, 진간장 1큰술을 넣고 잘 저은 후 당근, 목이버섯, 파인애플을 넣어 끓이다가 물녹말을 만들어 넣고 저어 가며 농도를 맞추고, 마지막에 오이와 완두콩을 넣고 살짝 끓여 소스를 만든다.

8. 튀긴 생선살을 접시에 담고 7의 소스를 끼얹어 낸다.

▲ 흰생선살을 썰어 놓는다.

▲ 손질한 흰생선살을 튀겨 낸다.

▲ 재료를 각각 썰어 준비한다.

• 생선살에 튀김옷을 묻힐 때 생선살이 부서지지 않도록 주의한다.

경장육사

京醬肉丝 : 징장러우쓰

 요구
사항

주어진 재료를 사용하여 경장육사를 만드시오.

1. 돼지고기는 길이 5cm의 **얇은 채**로 썰고, 간을 하여 기름에 익혀 사용하시오.

2. 춘장은 기름에 볶아서 사용하시오.

3. 대파채는 길이 5cm로 어슷하게 **채** 썰어 매운맛을 빼고 접시 위에 담으시오.

돼지 등심(살코기) 150g, **죽순**(통조림(whole), 고형분) 100g, **대파**(흰 부분, 6cm) 3토막, **달걀** 1개, **춘장** 50g, **식용유** 300mL, **흰설탕** 30g, **굴소스** 30mL, **청주** 30mL, **진간장** 30mL, **녹말가루**(감자 전분) 50g, **참기름** 5mL, **마늘**(중, 깐 것) 1쪽, **생강** 5g
[물녹말] 물 1/2큰술, 녹말가루 1/2큰술

만드는법

1. 대파 2토막(곁들임용)은 5cm 정도 길이로 어슷하게 가는 채를 썰어 찬물에 담가 매운맛을 뺀 후 건져 물기를 빼 둔다. 나머지 1토막(짜장 소스용)은 5cm 정도 길이로 채를 썬다.

2. 돼지 등심은 핏물을 제거하고 5cm 길이로 얇게 저며 결 방향으로 가늘게 채를 썬다.

3. 돼지고기채는 진간장과 청주 1큰술씩을 넣고 양념한 후 달걀흰자 1개 분량과 녹말가루 2큰술을 넣고 잘 버무린다.

4. 죽순은 빗살무늬가 있는 부분을 잘라 내고 돼지고기와 같은 크기로 채 썰고, 마늘과 생강도 각각 채를 썬다.

5. 팬에 식용유를 두르고 춘장이 찰기 없어지고 모래알처럼 단단해지기 시작할 때까지 서서히 볶은 후 기름을 밭친다.

6. 팬에 식용유를 넉넉히 두르고 뜨거워지기 전에 양념한 돼지고기채를 넣고 기름 온도가 서서히 올라가도록 하면서 젓가락으로 고기를 흩어 가며 볶은 후 기름을 밭쳐 둔다.

7. 팬에 식용유를 두르고 달군 후 채 썬 대파 · 마늘 · 생강을 볶다가 청주 · 진간장을 넣어 향을 낸다. 여기에 볶은 춘장과 물을 넣고 굴소스와 흰설탕으로 간을 한 후 물녹말을 만들어 풀어 넣고 농도를 조절하여 짜장 소스를 만든다.

8. 볶아 놓은 돼지고기채를 7에 넣고 볶다가 죽순채를 넣어 짜장 소스가 잘 섞이게 볶은 후 참기름을 넣고 버무려 맛을 낸다.

9. 곁들임용 대파채를 접시에 깔고, 그 위에 8의 짜장 고기를 소복하게 얹어 낸다.

▲ 곁들임용 대파는 어슷하게 채 썰어 찬물에 담가 매운맛을 뺀다.

▲ 팬에 기름을 두르고 춘장을 볶는다.

▲ 고기를 기름에 서서히 볶아 낸다.

- 돼지고기를 기름에 익힐 때 기름 온도가 너무 높으면 고기가 딱딱해지고 서로 달라붙어 뭉치므로 기름 온도에 유의한다.
- 경장은 중국 베이징 지방의 춘장을 이르는 말로, 춘장을 충분히 볶아야 맛이 더욱 진하고 구수해진다.

채소볶음

炒合菜 : 차오허차이

⏲ 25분

 **요구
사항**

주어진 재료를 사용하여 채소볶음을 만드시오.

1. 모든 **채소**는 길이 4cm의 편으로 써시오.

2. 대파, 마늘, 생강을 제외한 모든 **채소**는 끓는 물에 살짝 데쳐서 사용하시오.

청경채 1개, **대파**(흰 부분, 6cm) 1토막, **당근**(길이로 썰어서) 50g, **죽순**(통조림(whole), 고형분) 30g, **청피망**(중, 75g) 1/3개, **건표고버섯**(지름 5cm, 물에 불린 것) 2개, **식용유** 45mL, **소금**(정제염) 5g, **진간장** 5mL, **청주** 5mL, **참기름** 5mL, **마늘**(중, 간 것) 1쪽, **흰 후춧가루** 2g, **생강** 5g, **셀러리** 30g, **양송이**(통조림(whole), 양송이 큰 것) 2개, **녹말가루**(감자 전분) 20g
[물녹말] 물 1/2큰술, 녹말가루 1/2큰술

만드는법

1. 청피망은 꼭지를 따고 반을 갈라 씨와 지저분한 부분을 포 떠서 제거한 후 길이 4cm, 폭 1cm로 편 썬다.

2. 물에 불린 건표고버섯은 물기를 제거하고 기둥을 떼어 낸 후 저며서 청피망과 같은 크기로 썰고, 양송이는 모양을 살려 0.3cm 두께로 편 썬다.

3. 청경채는 4cm 길이로 썰고(잎의 넓은 부분은 썰지 않고 그대로 사용), 죽순은 속의 이물질을 제거한 후 빗살무늬를 살려 4cm 길이로 썰어 놓는다.

4. 대파는 4cm 길이로 편 썰고, 마늘과 생강은 각각의 모양대로 얇게 편 썬다.

5. 당근은 껍질을 벗기고 길이 4cm, 폭 1cm, 두께 0.3cm 크기로 편 썬다. 셀러리도 섬유질을 제거한 후 같은 크기로 편 썬다.

6. 끓는 물에 소금을 넣고 대파, 마늘, 생강을 제외한 나머지 모든 재료를 살짝 데쳐 찬물에 재빨리 헹군 후 건져서 물기를 뺀다.

7. 팬에 식용유를 두르고 대파, 마늘, 생강을 먼저 넣고 볶다가 진간장과 청주를 넣어 향을 낸다.

8. 7에 당근, 죽순, 표고버섯, 양송이, 셀러리 순서로 넣어 볶다가 청경채와 청피망을 넣고 물을 붓는다.

9. 국물이 끓으면 소금과 흰 후춧가루로 간을 한 후 물녹말을 만들어 풀어 넣고 걸쭉하게 농도를 맞춘다.

10. 마지막에 참기름을 넣고 버무려 그릇에 담아낸다.

▲ 채소를 각각 썰어 준비한다.

▲ 끓는 물에 재료를 넣고 데쳐낸다.

▲ 참기름을 넣어 마무리한다.

정보

• 채소는 높은 온도에서 단시간 볶고, 간장의 양을 적당히 조절하여 나머지 간은 소금으로 하는 것이 채소의 색을 선명하게 살릴 수 있다.

• 국물의 농도는 흘러내리지 않는 정도가 알맞다.

마파두부

麻婆豆腐 : 마포더우푸

🕐 25분

**요구
사항**

주어진 재료를 사용하여 마파두부를 만드시오.

1. 두부는 1.5cm 주사위 모양으로 써시오.

2. 두부가 으깨어지지 않게 하시오.

3. 고추기름을 만들어 사용하시오.

4. 홍고추는 씨를 제거하고 0.5×0.5cm로 써시오.

지급 재료

두부 150g, **마늘**(중, 깐 것) 2쪽, **생강** 5g, **대파**(흰 부분, 6cm) 1토막, **홍고추**(생) 1/2개, **두반장** 10g, **검은 후춧가루** 5g, **돼지 등심**(다진 살코기) 50g, **흰설탕** 5g, **녹말가루**(감자 전분) 15g, **참기름** 5mL, **식용유** 60mL, **진간장** 10mL, **고춧가루** 15g
[물녹말] 물 1/2큰술, 녹말가루 1/2큰술

만드는법

1. 팬에 고춧가루와 식용유를 넣어 볶은 후 고운체에 걸러 고추기름을 만든다.

2. 두부는 겉의 딱딱한 부분을 잘라 내고 1.5cm 크기의 주사위 모양으로 썰어 끓는 물에 데친 후 체에 밭쳐 물기를 제거한다.

▲ 두부를 주사위 모양으로 썬다.

3. 홍고추는 꼭지를 떼고 반을 갈라 씨를 제거한 후 0.5cm 두께로 길게 채 썬 다음 가지런히 모아 다시 0.5cm 길이로 썰어 가로, 세로 0.5cm 크기가 되도록 한다.

4. 대파는 0.5cm로 굵게 다지고, 마늘과 생강도 각각 다진다.

5. 팬을 달궈 고추기름을 두르고 대파, 마늘, 생강, 홍고추를 넣어 향이 나도록 볶다가 다진 돼지고기를 넣고 볶는다.

▲ 끓는 물에 두부를 데친다.

6. 5에 물을 1컵 넣고 끓여 소스를 만든 후 두반장 1큰술, 진간장 1작은술, 흰설탕 · 검은 후춧가루를 약간씩 넣어 양념하고 두부를 넣는다.

7. 물과 녹말가루를 잘 섞어 물녹말을 만든 후 6에 조금씩 넣어 걸쭉하게 농도를 맞춘다.

8. 마지막으로 참기름을 넣어 맛을 내고 그릇에 담아낸다.

▲ 소스에 두반장을 넣는다.

정보

• 두부는 끓는 소금물에 데치면 특유의 냄새가 없어질 뿐만 아니라 단단해져서 잘 부서지지 않는다.
• 중국 요리의 국물에 물녹말을 넣어 걸쭉하게 하면 요리가 빨리 식지 않고 부드러운 맛과 감촉을 느낄 수 있다.

고추잡채

青椒肉丝 : 칭자오러우쓰

⏱ 25분

 **요구
사항**

주어진 재료를 사용하여 고추잡채를 만드시오.

1. 주재료 피망과 고기는 5cm의 채로 써시오.

2. 고기는 간을 하여 기름에 익혀 사용하시오.

돼지 등심(살코기) 100g, **청주** 5mL, **녹말가루**(감자 전분) 15g, **청피망**(중, 75g) 1개, **달걀** 1개, **죽순**(통조림(whole), 고형분) 30g, **건표고버섯**(지름 5cm, 물에 불린 것) 2개, **양파**(중, 150g) 1/2개, **참기름** 5mL, **식용유** 150mL, **소금**(정제염) 5g, **진간장** 15mL

만드는 법

1. 돼지 등심은 핏물을 제거하고 얇게 저민 후 결 방향으로 5cm 길이로 얇게 채를 썰어 소금 약간과 청주 1작은술로 밑간한 다음, 달걀 흰자 1큰술과 녹말가루 1큰술을 넣어 버무린다.

2. 물에 불린 건표고버섯은 물기를 제거하고 기둥을 떼어 낸 후 저며서 채를 썬다.

3. 양파는 고르게 채 썰고, 죽순은 빗살무늬 부분을 제거하고 채를 썬다.

4. 청피망은 꼭지를 따고 반을 갈라 씨와 지저분한 부분을 포 떠서 제거한 후 길이 5cm, 폭 0.3cm로 고르게 채 썬다.

5. 팬을 달궈 식용유를 넉넉히 두른 후 기름이 뜨거워지기 전에 돼지고기를 넣고 재빨리 저어 달라붙지 않도록 볶은 다음, 체에 밭쳐 기름기를 제거한다.

6. 다시 팬에 식용유를 두르고 양파를 넣어 볶다가 죽순, 표고버섯을 넣고 볶으며 진간장으로 간을 한다.

7. 채 썬 청피망을 6에 넣고 볶다가 소금을 넣어 간을 한 후 볶아 놓은 돼지고기를 넣고 버무린 다음, 참기름을 넣어 마무리한다.

▲ 피망의 두꺼운 부분을 포 떠서 제거한 후 채 썬다.

▲ 고기가 달라붙지 않도록 볶는다.

▲ 피망을 볶다가 볶아 놓은 고기를 넣는다.

정보

• 피망은 단시간에 볶아 푸른색이 유지되도록 한다.
• 고기를 볶을 때는 기름이 너무 뜨겁지 않을 때 넣고 볶아야 부드럽게 볶아지며, 미리 볶아서 나중에 섞는 것이 깔끔하다.

부추잡채

韭菜炒肉丝 : 지우차이차오러우쓰

⏱ 20분

**요구
사항**

주어진 재료를 사용하여 다음과 같이 부추잡채를 만드시오.

1. 부추는 6cm 길이로 써시오.

2. 고기는 0.3×6cm 길이로 써시오.

3. 고기는 간을 하여 기름에 익혀 사용하시오.

부추(중국 부추 : 호부추) 120g, **돼지 등심**(살코기) 50g, **달걀** 1개, **청주** 15mL, **소금**(정제염) 5g, **참기름** 5mL, **식용유** 100mL, **녹말가루**(감자 전분) 30g

만드는 법

1. 돼지 등심은 핏물을 제거하고 얇게 저민 후 결 방향으로 길이 6cm, 두께 0.3cm로 채를 썰어 소금 약간과 청주 1작은술을 넣고 밑간한 다음, 달걀흰자와 녹말가루 1큰술씩을 넣어 버무린다.

2. 부추는 깨끗이 씻어 6cm 길이로 썬 후 딱딱한 흰 줄기 부분과 푸른 잎 부분을 따로 분리해 둔다.

3. 팬을 달궈 식용유를 넉넉히 두른 후 기름이 뜨거워지기 전에 돼지 고기를 넣고 재빨리 저어 달라붙지 않도록 볶은 다음, 체에 밭쳐 기름기를 제거한다.

4. 다시 팬에 식용유를 두르고 부추의 흰 줄기 부분을 먼저 볶다가 푸른 잎 부분을 넣고 재빨리 볶으면서 소금으로 간을 한다.

5. 볶아 놓은 돼지고기를 4에 넣고 버무린 후 참기름을 넣어 향을 내고 접시에 보기 좋게 담아낸다.

▲ 재료를 각각 썰어 준비한다.

▲ 고기가 달라붙지 않도록 볶는다.

▲ 재료를 차례로 볶는다.

정보

• 부추의 선명한 푸른색이 유지될 수 있도록 센 불에서 단시간에 볶아 낸다.

• 조선 부추보다 중국 부추가 조직이 더욱 단단해서 볶아도 쉽게 숨이 죽지 않으므로 부추잡채를 하기에 적당하다. 먹을 때는 꽃빵을 곁들인다.

유니짜장면

肉泥炸醬麵 : 러우니자지앙미엔

⏱ 30분

요구
사항

주어진 재료를 사용하여 다음과 같이 유니짜장면을 만드시오.

1. 춘장은 기름에 볶아서 사용하시오.

2. 양파, 호박은 0.5×0.5cm 크기의 네모꼴로 써시오.

3. 중식면은 끓는 물에 삶아 **찬물**에 헹군 후 데쳐 사용하시오.

4. 삶은 면에 **짜장 소스**를 부어 **오이채**를 올려 내시오.

돼지 등심(다진 살코기) 50g, **중식면**(생면) 150g, **양파**(중, 150g) 1개, **호박**(애호박) 50g, **오이**(가늘고 곧은 것, 길이 20cm) 1/4개,
춘장 50g, **생강** 10g, **진간장** 50mL, **청주** 50mL, **소금** 10g, **흰설탕** 20g, **참기름** 10mL, **녹말가루**(감자 전분) 50g, **식용유** 100mL
[물녹말] 물 1큰술, 녹말가루 1큰술

만드는 법

1. 다진 돼지 등심은 핏물을 제거해 두고, 생강은 다져서 준비한다.

2. 호박과 양파는 각각 가로세로 0.5cm 크기의 정육면체로 썰고, 오이는 4~5cm 정도 길이로 가늘게 채를 썬다.

3. 팬을 살짝 달궈 식용유를 두르고 춘장을 넣어 나무 주걱으로 저어가며 눈지 않도록 볶은 후 체에 밭쳐 기름기를 빼놓는다.

▲ 식용유를 두르고 춘장을 볶는다.

4. 다시 팬을 달궈 식용유를 두르고 다진 생강을 넣어 볶다가 돼지 등심을 넣고 볶으면서 진간장 1큰술, 청주 1큰술을 넣어 향을 낸다.

5. 4에 양파를 넣고 볶다가 호박을 넣어 같이 볶고 3의 춘장을 넣어 볶는다.

▲ 재료를 각각 썰어 준비한다.

6. 춘장과 재료들이 어우러지면 물 1컵을 넣고 끓이다가 흰설탕 1큰술을 넣어 맛을 낸 후 물녹말을 만들어 조금씩 풀어 넣고 저어 가며 적당한 농도가 나도록 끓인 다음, 마지막에 참기름을 넣고 맛을 내 짜장 소스를 만든다.

7. 냄비에 물을 붓고 끓으면 소금을 넣고 중식면을 삶아 찬물에 헹군다.

8. 다시 냄비에 물을 붓고 끓여 7의 면을 살짝 데쳐 뜨겁게 데운 후 그릇에 담아 6의 짜장 소스를 적당히 얹고 오이채를 올려 낸다.

▲ 물을 끓여 중식면을 삶는다.

정보

• 유니짜장(肉泥炸醬)은 일반 짜장에 비해 재료를 잘게 썰어 부드러운 맛을 내는 것이 특징이며, 유니라는 말 자체가 고기를 잘게 다졌다는 의미이다.

• 춘장을 볶을 때는 춘장이 잠길 정도로 기름을 넉넉히 넣고 볶아야 한다.

울면
温卤面 : 원루미엔

⏱ 30분

 주어진 재료를 사용하여 다음과 같이 울면을 만드시오.

**요구
사항**

1. 오징어, 대파, 양파, 당근, 배춧잎은 6cm 길이로 **채**를 써시오.

2. 중식면은 끓는 물에 삶아 **찬물**에 헹군 후 데쳐 사용하시오.

3. 소스는 농도를 잘 맞춘 다음, **달걀**을 풀 때 덩어리지지 않게 하시오.

중식면(생면) 150g, **오징어**(몸통) 50g, **작은 새우살** 20g, **조선 부추** 10g, **대파**(흰 부분, 6cm) 1토막, **마늘**(중, 깐 것) 3쪽, **당근**(길이 6cm) 20g, **배춧잎**(1/2잎) 20g, **건목이버섯** 1개, **양파**(중, 150g) 1/4개, **달걀** 1개, **진간장** 5mL, **청주** 30mL, **참기름** 5mL, **소금** 5g, **녹말가루**(감자 전분) 20g, **흰 후춧가루** 3g
[물녹말] 물 2큰술, 녹말가루 2큰술

만드는 법

1. 건목이버섯은 따뜻한 물에 담가 부드럽게 불려 놓는다.

2. 오징어는 껍질을 벗기고 같은 길이로 채를 썬다. 새우살은 등 쪽의 내장을 제거해 놓는다.

3. 대파, 양파, 당근, 배춧잎은 각각 6cm 길이로 채 썰어 놓는다.

4. 조선 부추는 6cm 길이로 썰고, 마늘과 불린 목이버섯도 채를 썰어 준비한다.

▲ 재료를 각각 썰어 놓는다.

5. 달걀은 흰자와 노른자가 잘 섞이도록 풀어 놓는다.

6. 냄비에 물 500mL를 붓고 끓으면 대파와 마늘을 넣고 끓이다가 진간장 1작은술, 청주 1큰술을 넣어 향을 낸 다음, 오징어, 새우살, 양파, 당근, 배춧잎, 목이버섯을 넣고 끓인다.

▲ 물녹말을 만든다.

7. 6에 소금과 청주, 흰 후춧가루를 넣어 간을 하고 물녹말을 만들어 조금씩 풀어 넣어 국물에 농도가 적당히 나면, 풀어 놓은 달걀을 조금씩 넣고 뭉치지 않도록 살짝 저은 후 조선 부추와 참기름을 넣고 소스를 만든다.

8. 냄비에 물을 붓고 끓으면 소금을 넣고 중식면을 삶아 찬물에 헹군다.

9. 다시 냄비에 물을 붓고 끓여 8의 면을 살짝 데쳐 뜨겁게 데운 후 그릇에 담고 7의 소스를 넉넉히 부어 낸다.

▲ 풀어 놓은 달걀을 조금씩 넣는다.

정보

• 오징어는 가로 방향으로 6cm에 맞춰 썰어야 동글게 말리지 않는다.
• 소스의 농도를 탕수육 소스보다는 약간 묽게 맞추도록 한다.

새우볶음밥

蝦仁炒飯 : 샤인차오판

30분

요구 사항

주어진 재료를 사용하여 다음과 같이 울면을 만드시오.

1. 새우는 **내장을 제거**하고 데쳐서 사용하시오.

2. 채소는 0.5cm 크기의 주사위 모양으로 써시오.

3. 부드럽게 볶은 달걀에 밥, 채소, 새우를 넣고 질지 않게 볶아 **전량** 제출하시오.

쌀(30분 정도 물에 불린 쌀) 150g, **작은 새우살** 30g, **달걀** 1개, **대파**(흰 부분, 6cm) 1토막, **당근** 20g, **청피망**(중, 75g) 1/3개, **식용유** 50mL, **소금** 5g, **흰 후춧가루** 5g

만드는 법

1. 불린 쌀은 동량의 물에서 2큰술가량 부족하게 물을 잡고 고슬고슬 하게 밥을 지은 후 넓은 접시에 펼쳐 식혀 놓는다.

2. 새우살은 씻어서 등 쪽의 내장을 제거해 놓는다.

3. 대파, 당근, 청피망은 각각 가로, 세로 0.5cm 크기로 썰어 놓는다.

4. 달걀은 흰자와 노른자를 섞어 잘 풀어 놓는다.

5. 팬을 달궈 기름을 넉넉히 두른 후 대파, 당근을 넣고 볶는다.

6. 볶은 대파와 당근을 팬의 한쪽에 밀어 넣고, 4의 달걀을 넣어 재빨 리 휘저어가며 볶는다.

7. 달걀이 볶아지면 1의 밥과 2의 새우살을 넣고 볶은 채소와 한데 잘 섞어 볶는다.

8. 여기에 청피망을 넣고 볶다가 소금과 흰 후춧가루로 간을 한다.

9. 우묵한 그릇의 안쪽 면에 새우를 골고루 담은 후 밥을 꼭꼭 눌러 채워 넣고 접시에 뒤집어 모양 있게 낸다.

▲ 재료를 준비해 놓는다.

▲ 달걀을 저어가며 볶는다.

▲ 그릇의 안쪽 면에 새우를 담고 밥을 채운다.

• 방금 지은 밥은 펼쳐 식혀 놓아야 밥에 끈기가 생기는 것을 방지해준다.
• 불린 쌀은 계량컵으로 한 컵에 해당되므로 물의 양을 잴 때 참고한다.
• 기름의 양이 넉넉해야 달걀과 밥이 팬에 달라붙지 않고 잘 볶아진다.
• 청피망은 열에 의해 색이 변하기 쉬우므로 맨 마지막에 넣고 볶아 색감을 살려준다.
• 새우의 양이 많지 않으므로 주재료가 잘 보일 수 있도록 담아내는 것이 좋다.

빠스고구마

拔丝地瓜 : 바쓰디과

⊘ 25분

요구사항 주어진 재료를 사용하여 다음과 같이 빠스고구마를 만드시오.

1. 고구마는 껍질을 벗기고 먼저 길게 **4등분**을 내고, 다시 **4cm** 길이의 **다각형**으로 돌려썰기하시오.

2. 튀김이 바삭하게 되도록 하시오.

고구마(300g) 1개, **식용유** 1000mL, **흰설탕** 100g
[시럽] 식용유 1큰술, 흰설탕 4큰술

만드는법

1. 고구마는 껍질을 벗기고 눈을 제거한 후 길이로 4등분하여 평평한 면이 밑으로 가게 한 다음, 한 면의 길이가 4cm 정도가 되도록 다각형으로 돌려 썬다.

2. 썰어 놓은 고구마는 물에 담가 전분기를 제거한 후 면포에 올려 물기를 잘 닦아 낸다.

3. 팬에 식용유를 재료가 충분히 잠길 만큼 넉넉히 붓고 달궈 170℃ 정도의 온도가 되면 고구마를 한꺼번에 넣어 튀긴다.

4. 고구마 가장자리가 연한 갈색이 나고 전체적으로 노릇노릇하게 색이 나면 체로 건져 기름기를 뺀다.

5. 팬을 달궈 식용유 1큰술을 두르고 흰설탕 4큰술을 넣은 후 젓지 말고 흰설탕이 녹을 때까지 기다리다가 흰설탕이 녹기 시작하면 가장자리가 타지 않도록 나무 주걱으로 가볍게 저어 시럽을 만든다.

6. 시럽이 연한 갈색 빛을 띠기 시작하면 불을 줄인 다음, 3에서 튀긴 고구마를 넣어 재빨리 버무린 후 찬물 1큰술을 넣어 시럽이 굳도록 한다.

7. 그릇에 식용유를 살짝 발라 빠스고구마가 서로 붙지 않도록 늘어놓았다가 완전히 식으면 완성 접시에 보기 좋게 모아 담는다.

▲ 고구마를 썰어 물에 담가 놓는다.

▲ 고구마를 기름에 튀긴다.

▲ 설탕 시럽에 버무린다.

정보

• 설탕 시럽을 만들 때 처음부터 많이 저으면 시럽이 되지 않고 결정이 되므로 주의한다.
• 고구마를 시럽에 넣고 버무리면서 찬물을 넣으면 시럽이 고구마에 잘 묻고 실이 잘 형성된다.

빠스옥수수

拔丝玉米 : 바쓰위미

⏱ 25분

주어진 재료를 사용하여 빠스옥수수를 만드시오.

1. 완자의 크기를 지름 3cm 공 모양으로 하시오.

2. 땅콩은 다져서 옥수수와 함께 버무려 사용하시오.

3. 설탕 시럽은 타지 않게 만드시오.

4. 빠스옥수수는 6개 만드시오.

옥수수(통조림, 고형분) 120g, **땅콩** 7알, **밀가루**(중력분) 80g, **달걀** 1개, **흰설탕** 50g, **식용유** 500mL
[시럽] 식용유 1큰술, 흰설탕 4큰술

만드는법

1. 땅콩은 껍질을 깨끗이 벗겨 잘게 다진다.

2. 옥수수는 체에 밭쳐 물기를 제거한 후 칼 옆면으로 한번 으깨고 칼날로 다진 다음, 다진 땅콩과 밀가루 4~5큰술, 달걀노른자 1개를 넣고 잘 섞어 약간 되직하게 반죽한다.

▲ 재료를 잘 섞어 반죽한다.

3. 팬에 식용유를 재료가 충분히 잠길 만큼 넉넉히 붓고 달군 후 반죽의 일부를 떨어뜨려 보아 2~3초 뒤에 떠올라오면, 2의 반죽을 손에 쥐고 숟가락으로 지름 3cm 크기로 둥글게 공 모양을 내어 튀긴다.

▲ 기름에 넣어 튀긴다.

4. 팬을 달궈 식용유 1큰술을 두르고 흰설탕 4큰술을 넣은 후 젓지 말고 흰설탕이 녹을 때까지 기다리다가 흰설탕이 녹기 시작하면 가장자리가 타지 않도록 나무 주걱으로 가볍게 저어 시럽을 만든다.

5. 시럽이 연한 갈색 빛을 띠기 시작하면 불을 줄인 다음, 3에서 튀긴 옥수수를 넣어 재빨리 버무린 후 찬물 1큰술을 넣어 시럽이 굳도록 한다.

▲ 설탕 시럽에 버무린다.

6. 그릇에 식용유를 살짝 발라 빠스옥수수가 서로 붙지 않도록 늘어놓았다가 완전히 식으면 완성 접시에 보기 좋게 모아 담는다.

• 옥수수 반죽은 약간 되직한 것이 튀기기 좋으며, 옥수수 알 자체에 수분이 많으므로 밀가루를 넣고 잘 저어 농도를 확인한 후 달걀을 넣어야 정확한 농도를 맞출 수 있다.

• 옥수수와 땅콩을 너무 곱게 다지면 씹히는 맛이 적으므로 약간 거칠게 다진다.

가정에서
쉽게 만들 수 있는
중국 요리

광둥식 탕수육

咕嚕肉 : 구로육, 구루러우

만드는 법

재료

돼지고기(등심) 200g
튀김용 식용유 적당량

[고기 밑간]
진간장 1/2큰술
청주 1큰술, **생강즙** 1큰술

[고기반죽옷]
감자전분 5큰술, **식용유** 4큰술
달걀흰자 1/2개

[탕수 소스]
양파 1/4개, **청피망** 1/2개
완두콩(통조림) 10g
파인애플(통조림) 1조각
식용유 2큰술

[탕수 소스 양념]
물 1컵, **진간장** 1/2큰술
흰설탕 3큰술, **식초** 1큰술
토마토케첩 4큰술

[물녹말]
감자전분 1큰술, **물** 1큰술

1. 돼지고기 등심은 가장자리의 기름기를 제거한 후 가로 3cm, 세로 3cm, 두께 1cm 정도의 크기로 네모나게 썬다.

2. 돼지고기에 잔칼집을 넣어 부드럽게 준비한다.

3. 생강은 칼등으로 으깨 물 1큰술을 넣고 우려낸 후 물기를 꼭 짜 생강즙을 만든다.

4. 손질한 돼지고기에 생강즙, 진간장, 청주를 넣고 조물조물 무쳐 밑간한다.

5. 여기에 감자전분, 달걀흰자, 식용유를 넣고 잘 주물러 고기반죽옷을 입힌다.

6. 튀김팬에 식용유를 붓고 뜨거워지면 튀김옷을 떨어뜨려 온도를 확인한다. 내용물이 바닥에 가라앉았다 2~3초 후 떠오르면 적당한 온도이다(170~180℃ 정도).

7. 돼지고기를 뜨거워진 기름에 넣고 튀겨낸 후 체에 밭쳐 기름을 뺀 다음 다시 한번 튀겨 바삭하게 준비한다.

8. 양파와 청피망은 한쪽 면이 3cm 정도 되도록 삼각지게 썰고 파인애플은 6~8등분한다.

9. 분량의 탕수 소스 재료를 한데 넣어 잘 섞어놓는다.

10. 팬에 식용유를 두르고 양파와 청피망을 볶다가 위의 소스와 파인애플, 완두콩을 넣어 한소끔 끓인다.

11. 감자전분과 물을 1큰술씩 동량으로 섞어 물녹말을 만든 후 위의 소스에 저어가며 넣어 농도를 맞춘다.

12. 튀겨놓은 7의 고기를 소스에 넣고 골고루 버무려 접시에 담아 완성한다.

정보

• 광둥식 탕수육은 중국이 서양과의 교류가 활발했던 시절 서양에서 건너온 토마토케첩을 소스에 활용해 만든 것으로, 일반적으로 탕수육은 고기를 손가락처럼 길게 썰지만 당시 광둥 지방에 많이 드나든 서양인들이 포크를 사용해 먹기 편하도록 네모나게 썰어 만들었다.

• 탕수육 반죽에 식용유를 넣으면 튀길 때 서로 달라붙지 않고 더 바삭하게 튀겨진다.

증교자

蒸餃子 : 정자오쯔

만드는법

1. 밀가루는 체에 내려 불순물을 제거해놓는다.

2. 체에 내린 밀가루 중 2/3컵(70g 정도)은 우묵한 그릇에 담고 소금 1/4작은술을 넣어 간을 한 후 끓는 물 3큰술을 조금씩 넣어가며 반죽한다.

3. 위의 만두피 반죽은 젖은 면포에 감싸 마르지 않도록 해서 숙성시킨다.

4. 돼지고기는 곱게 다진다.

5. 돼지고기에 진간장, 청주, 참기름, 검은후춧가루로 밑간한다.

6. 부추는 0.5cm 길이로 송송 썰고 대파와 생강은 다진다.

7. 5의 고기에 부추, 대파, 생강을 넣고 잘 섞는다.

8. 만두소의 농도가 되직할 경우 약간의 물을 넣고 저어가며 부드럽게 준비한다.

9. 3의 만두피 반죽을 다시 한번 치댄 후 지름 3cm 정도의 둥근 떡가래 모양으로 만든다.

10. 위의 반죽은 두께 0.5cm 정도로 둥글게 썰어 손바닥으로 납작하게 눌러준 후 덧밀가루를 뿌린 바닥에서 밀대로 지름 6cm 정도가 되도록 둥글고 얇게 민다.

11. 만두피를 손에 얹고 만두소를 1작은술 정도 소복하게 떠 넣은 후 반으로 접어 한쪽 면에 주름이 같은 방향으로 잡히도록 빚는다.

12. 김이 오른 찜통에 젖은 면포를 깐 후 서로 닿지 않도록 올려 10분간 센 불에서 찐다.

13. 익은 만두를 접시에 보기 좋게 담아낸다.

재료

[만두피]
밀가루(중력분) 70g(2/3컵)
끓는 물 3큰술
소금 1/4작은술

[만두소]
돼지고기(등심) 50g
부추 30g, **대파** 5cm 1토막
생강 5g

[고기 밑간]
진간장 1작은술, **청주** 1작은술
참기름 1/2작은술
검은후춧가루 약간

[만두피 제조용]
덧밀가루 약간

정보

- 중국에서는 한 해가 끝나고 새로운 한 해가 시작하는 춘절에 만두를 먹는 풍습이 있는데 교자(餃子)는 밤 12~2시에 해당하는 자시(子時)로 하루가 교체된다는 의미를 가진다.
- 보통 만두피 안에 소가 있는 만두를 가리켜 교자라고 부른다.

면보하

麵包蝦 : 미엔바오샤

만드는 법

1. 새우살은 등 쪽에 칼집을 살짝 넣은 후 내장을 긁어낸다.

2. 위의 새우살은 살짝 헹궈 물기를 제거한 후 칼의 옆면을 이용해 도마 위에 눌러 으깬다.

3. 남은 새우 입자들은 칼로 곱게 다져놓는다.

4. 대파는 곱게 다진다.

5. 생강은 칼로 으깨 약간의 물(1작은술)을 섞은 후 꼭 짜서 즙으로 준비한다.

6. 3의 새우에 대파, 생강을 넣고 소금, 청주, 참기름, 흰후춧가루를 넣고 잘 섞어 밑간한다.

7. 여기에 전분, 달걀흰자를 넣고 잘 저어 새우 소를 준비한다.

8. 식빵은 네 귀퉁이를 잘라내고 4등분해서 가로, 세로 5cm 크기의 정사각형으로 준비한다.

9. 식빵의 절반 위에 7의 새우 소를 조금씩 나눠 얹고 남은 식빵으로 덮는다.

10. 우묵한 팬에 식용유를 두르고 달군 후 남은 식빵을 넣어 온도를 확인한다. 내용물이 5초 정도 후 떠오르며 서서히 갈색이 나기 시작하면 적당한 온도이다.

11. 위의 식용유에 9의 준비된 재료를 넣고 앞뒤로 뒤집어가며 먹음직스러운 갈색이 나도록 튀긴다.

12. 다 튀겨진 면보하를 키친타월 위에 세로로 세워놓고 기름을 뺀 후 완성접시에 담아낸다.

재료

새우살 100g, **식빵** 4장
튀김용 식용유 적당량

[새우살 밑간]
소금 1/6작은술
청주 1작은술
대파 5cm 1토막, **생강** 5g
참기름 1/2작은술
흰후춧가루 약간

[새우살 반죽]
전분 2큰술
달걀흰자 2큰술

정보

• 면보하(멘보샤)는 튀길 때 완전히 색이 난 후 건져내면 재료에 여열이 남아 원하는 색보다 더 진해질 수 있으므로 고려해서 건져내는 것이 좋다.

• 기름의 온도가 너무 낮으면 식빵에 기름이 많이 흡수되고, 너무 높으면 색이 금방 나버려 새우가 익기도 전에 건져내게 되므로 반드시 빵조각으로 기름의 온도를 정확히 체크한 후 튀기는 것이 좋다. 보통의 튀김기름 온도(170~180℃)보다는 약간 낮은 온도(150℃)에서 서서히 튀기는 것이 좋다.

궁보계정

宮保鷄丁 : 궁바오지딩

만드는 법

1. 닭가슴살은 사방 1.5cm 크기의 정육면체로 썰어 소금, 청주, 검은 후춧가루로 밑간한다.

2. 밑간한 고기에 감자전분 2큰술, 달걀흰자 2큰술을 넣어 고기반죽 옷을 입힌다.

3. 대파는 가로, 세로 1.5cm 정도의 크기로 썰고 생강은 다진다.

4. 건고추는 꼭지 부분을 제거하고 씨를 털어낸 후 대파와 같은 크기로 썬다.

5. 청피망은 씨를 제거하고 대파와 같은 크기로 썬다.

6. 우묵한 팬에 식용유를 넉넉히 넣고 낮은 온도(130℃ 정도)에서 위의 닭고기를 넣어 서로 달라붙지 않도록 저어가며 고기 질감이 부드럽도록 서서히 튀겨낸다.

7. 땅콩은 속껍질을 벗긴 후 기름에 튀겨낸다.

8. 팬에 고추기름을 두르고 건고추를 검은색에 가깝게 볶는다.

9. 여기에 생강, 대파를 넣어 볶다가 간장, 청주를 넣어 볶는다.

10. 여기에 튀겨낸 2의 닭고기와 땅콩, 청피망을 넣어 볶다가 참기름, 검은후춧가루를 넣고 마무리한 후 접시에 담아낸다.

재료

닭가슴살 150g, **땅콩** 30g
대파 5cm 1토막, **생강** 5g
건홍고추 2개, **청피망** 1/2개
식용유 · 고추기름 적당량

[고기 밑간]
소금 1/5작은술, **청주** 1큰술
검은후춧가루 약간

[고기반죽옷]
감자전분 2큰술
달걀흰자 2큰술

[양념]
청주 1큰술, **진간장** 1큰술
참기름 1작은술
검은후춧가루 약간

정보

- 궁보계정(宮保鷄丁)의 계정(鷄丁)은 닭고기를 정육면체로 썰어 요리하라는 의미이며, 정궁보라 불리던 청나라의 총독인 정보정을 위해 만든 닭고기요리로 사천지방의 대표 요리 중 하나이다.
- 건홍고추는 검은색이 날 정도로 충분히 볶아야 향이 풍부하게 우러난다.

류산슬

溜三絲 : 류우싼스

만드는 법

1. 돼지고기는 5~6cm 정도 길이의 가는 채로 썰어놓는다.

2. 새우살은 등 쪽의 내장을 이쑤시개로 제거하거나 칼집을 넣어 칼로 긁어 제거하여 손질한다.

3. 돼지고기와 새우에 소금, 청주로 밑간을 한 후 감자전분, 달걀흰자를 넣고 버무려 반죽옷을 입힌다.

4. 죽순은 빗살무늬 부분을 제거하고 5~6cm 길이로 채를 썰어놓는다.

5. 불린 건표고버섯은 기둥을 떼고 얇게 포를 뜬 후 가늘게 채를 썬다.

6. 팽이버섯은 밑동을 제거하고 5~6cm 길이로 준비해 덩어리지지 않도록 뜯어놓는다.

7. 대파는 채를 썰고 마늘과 생강도 각각 채 썬다.

8. 불린 건해삼은 안쪽의 내장 등 불순물을 깨끗이 씻어낸 후 5~6cm 길이로 채를 썬다.

9. 끓는 물에 죽순, 표고버섯, 해삼을 살짝 데쳐낸 후 물기를 빼놓는다.

10. 팬에 식용유를 두르고 130℃ 정도가 되면 3의 돼지고기와 새우를 넣고 서로 달라붙지 않도록 서서히 저어가며 부드럽게 볶아 기름기를 뺀다.

11. 팬에 식용유를 두르고 대파, 생강, 마늘을 넣어 볶는다.

12. 여기에 진간장, 청주를 넣어 볶다가 표고, 죽순, 해삼, 돼지고기, 새우의 순으로 넣어 볶는다.

13. 여기에 물 1컵을 넣고 소금과 후춧가루로 간을 한 후 물녹말을 넣어 농도를 맞춘다.

14. 마지막에 팽이버섯과 참기름을 넣고 불을 끈 후 골고루 섞어 그릇에 담아낸다.

재료

돼지고기 50g
건해삼(불린 것) 30g
새우살 30g, **죽순** 50g
건표고버섯(불린 것) 1장
팽이버섯 50g
대파 5cm 1토막, **마늘** 2쪽
생강 5g, **식용유** 적당량

[고기, 새우 밑간]
소금, 청주 약간씩

[고기, 새우 반죽옷]
감자전분 2큰술
달걀흰자 2큰술

[양념]
진간장 1큰술, **청주** 1큰술
소금 1/4작은술
검은후춧가루 약간
참기름 1작은술

[물녹말]
감자전분 1큰술, **물** 1큰술

정보

• 류산슬(溜三絲)은 세 가지(三)의 재료를 가늘게 채(絲)로 썰고 전분을 풀어 걸쭉하게(溜) 만든 요리라는 의미로, 소스에 전분을 풀어 넣게 되면 음식이 빨리 식지 않는다.

• 볶음요리에 육류를 사용하는 경우 재료에 밑간한 후 전분과 달걀흰자를 얹어 옷을 입히고 낮은 온도의 기름에서 미리 한번 볶는 과정(滑炒)을 거치게 되면 육즙이 빠지지 않고 감촉이 매끄럽게 된다.

만드는법

1. 닭다리는 뼈를 제거하고 살만 발라 칼등으로 자근자근 두드린 후 잔칼집을 넣는다.

2. 닭다리살에 간장, 청주, 생강즙으로 밑간한다.

3. 위의 닭다리살은 밀가루, 달걀, 빵가루의 순으로 묻혀 170℃ 정도 온도의 기름에 황금색이 나도록 바삭하게 튀겨낸다.

4. 상추 또는 양상추는 한입 크기로 뜯어 얼음물에 담가 싱싱하게 준비해 놓는다.

5. 토마토는 가로 방향으로 얇고 둥글게 썰어놓는다.

6. 접시에 토마토를 깔고 그 위에 4의 상추를 물기 빼서 올린다.

7. 튀겨놓은 닭다리살을 한입 크기로 썰어 6의 상추 위에 올린다.

8. 대파와 청고추, 홍고추, 마늘은 잘게 다진다.

9. 다진 대파, 청고추, 홍고추, 마늘을 한데 담고 여기에 간장, 식초, 설탕, 후춧가루, 참기름을 넣고 잘 저어 소스를 만든다.

10. 위의 소스를 7의 위에 골고루 뿌려낸다.

재료

닭다리 200g
상추(또는 양상추) 50g
토마토 2개
식용유 적당량

[닭고기 밑간]
간장 1/2큰술, **청주** 1큰술
생강즙 1큰술

[튀김옷]
밀가루 2큰술, **달걀** 1개
빵가루 1컵

[소스]
대파 5cm 1토막, **청고추** 1개
홍고추 1개, **마늘** 2쪽
간장 2큰술, **식초** 2큰술
설탕 2큰술
후춧가루 · 참기름 약간씩

정보

- 유림기(유린기)는 기름을 뿌린, 또는 기름에 빠진 닭고기라는 의미로, 튀긴 닭고기에 생채소를 곁들여 먹는 중국식 치킨샐러드이다.
- 아삭한 식감을 가진 채소 위에 튀긴 닭고기를 얹어 청고추와 홍고추를 곁들인 간장 소스를 부어 먹는다.

깐풍굴

乾烹牡蛎 : 간펑모리

만드는법

1. 감자전분은 동량의 물을 넣고 잘 저은 후 1시간 이상 가라앉혀 전분앙금을 만들고 윗물은 따라버린다.
2. 생굴은 깨끗이 씻어 끓는 물에 데친 후 물기를 빼서 분량의 굴 양념에 밑간한다.
3. 밑간한 굴에 1의 전분앙금과 달걀흰자를 넣고 살살 버무려 튀김옷을 입힌다.
4. 위의 굴을 170℃로 달궈진 기름에 2~3번 튀겨낸다.
5. 홍고추와 풋고추는 어슷하게 썰어 준비한다.
6. 분량의 간장, 설탕, 식초, 청주를 잘 섞어 깐풍 소스를 만든다.
7. 팬에 고추기름을 두르고 통마늘과 홍고추를 넣어 볶는다.
8. 여기에 깐풍 소스를 넣어 끓인다.
9. 소스가 절반으로 졸면 튀겨놓은 굴과 청고추, 참기름을 넣고 국물이 없도록 윤기 나게 바짝 졸여 그릇에 담아낸다.

재료

생굴 400g, **통마늘** 10쪽
홍고추 2개, **청고추** 2개
튀김용 기름 · 고추기름 · 참기름
약간씩

[굴 밑간]
소금 1/5작은술, **청주** 1큰술
후춧가루 약간

[튀김옷]
전분앙금 1/2컵
(감자전분 1/3컵, 물 1/3컵)
달걀흰자 1개

[깐풍 소스]
간장 2큰술, **설탕** 2큰술
식초 2큰술, **청주** 2큰술

정보

• 깐풍(乾烹)은 소스에 국물이 없도록 바싹 졸여 완성하는 조리법으로, 닭으로 하는 깐풍기가 대표적이며 그 외에도 돼지고기, 새우, 굴, 버섯 등 다양한 재료로 만들 수 있다.
• 굴은 물기가 많은 재료이므로 한번 데쳐 물기를 뺀 후 조리를 해야 바삭한 식감으로 만들 수 있으며, 알이 굵은 굴을 사용하는 것이 좋다.

중식 조리기능사 실기

2014년 8월 30일   1판 1쇄
2023년 3월 10일   3판 1쇄

저자 : 박지형
펴낸이 : 이정일

펴낸곳 : 도서출판 **일진사**
www.iljinsa.com
(우)04317 서울시 용산구 효창원로 64길 6
대표전화 : 704-1616, 팩스 : 715-3536
이메일 : webmaster@iljinsa.com
등록번호 : 제1979-000009호(1979.4.2)

값 16,000원

ISBN : 978-89-429-1767-9